粤菜大师技法丛书

经典潮菜技法

钟成泉

钟成泉 著

五十多年从厨经验
曾受聘韩山师范学院客座教授
广东省粤东技师学院特聘专家

SPM
南方传媒

广东科技出版社
全国优秀出版社

·广州·

图书在版编目（CIP）数据

钟成泉经典潮菜技法 / 钟成泉著. —广州：广东
科技出版社，2023.2
（粤菜大师技法丛书）
ISBN 978-7-5359-7945-2

Ⅰ．①钟⋯　Ⅱ．①钟⋯　Ⅲ．①粤菜—菜谱
Ⅳ．①TS972.182.65

中国版本图书馆CIP数据核字（2022）第174068号

钟成泉经典潮菜技法

Zhong Chengquan Jingdian Chaocai Jifa

出 版 人：严奉强
项目统筹：钟洁玲　颜展敏
责任编辑：张远文　彭秀清
装帧设计：友间文化
照片拍摄：韩荣华
菜品提供：汕头市东海酒家
责任校对：高锡全
责任印制：彭海波
出版发行：广东科技出版社
　　　　　（广州市环市东路水荫路11号　邮政编码：510075）
销售热线：020-37607413
http://www.gdstp.com.cn
E-mail：gdkjbw@nfcb.com.cn
经　　销：广东新华发行集团股份有限公司
印　　刷：广州市岭美文化科技有限公司
　　　　　（广州市荔湾区花地大道南海南工商贸易区A幢　邮政编码：510385）
规　　格：787 mm×1 092 mm　1/16　印张15　字数300千
版　　次：2023年2月第1版
　　　　　2023年2月第1次印刷
定　　价：188.00元

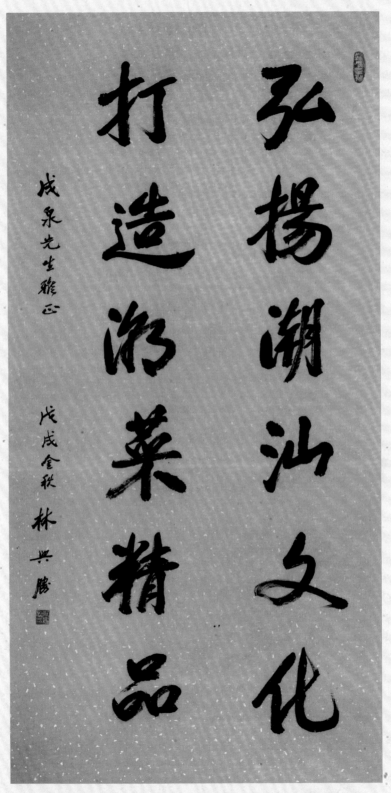

广东省政协原副主席林兴胜题词"弘扬潮汕文化,打造潮菜精品"

味道守正

广东省委宣传部原副部长、广东画院原院长、茅
盾文学奖获得者刘斯奋题词"味道守正"

著名书法家、广东省书法家协会副主席苏华题词"烹饪之道，适口为珍"

特级厨师、美食作家许永强题词"有味者使之出，无味者使之入"

字画收藏家、广州酒家副董事长赵利平题词"烹小鲜亦若治大国"

接受韩山师范学院聘书

参加广东省粤东技师学院活动

寻找百味人生，传承经典技法

钟成泉老先生是潮菜名厨、元老，也是改革开放以来潮菜不断发展、日渐繁荣的见证者。数年前曾拜读过他写的《饮和食德——潮菜的传承与坚持》一书，虽未曾谋面，却觉读之如与一位长者在灯下对坐，浅酌清茶，听他把潮菜的现代发展史、人物、故事，还有潮菜的味道、菜式娓娓道来……自那时起，先生给我留下至深的印象，从此我开始走进潮菜的世界，并与潮菜结下不解之缘。

2021年11月18日，广东省粤东技师学院挂牌成立潮菜烹饪学院、非物质文化遗产传承学院、非物质文化遗产研究院。2022年1月8日，学院特聘钟老为专家并邀请先生莅校为学校师生举办专题讲座。其间获赠钟老的新书《潮菜心解》，阅后感慨万千，对先生更是敬佩不已。从书中能真切地体会到他对潮菜传承的迫切愿望，希望潮菜技法能代代相传、发扬光大的心情总在先生的字里行间流露出来。

那么，令钟老牵挂、专注的潮菜到底有什么特点？我印象中的潮菜与广府菜、客家菜一起，属于粤菜的分支，是潮汕地区独有的风味。但是，随着经济的发展和人口的迁移，潮菜早就不是潮汕地区的专属，远到省外各地、东南亚地区，近在整个广东地区，潮汕"打冷"、隆江猪脚饭声名显赫。先前在广州工作，偶尔也和三两好友，约着一起去吃潮汕"打冷"，叫上一碗白粥，吹开氤氲的热气，轻啜一口米汤，顿觉米香满颊，慰藉了一天的疲劳。再就一盘鲜香的炒薄壳米、一份爽脆的卤汁余鹅肠、一盘炒芥蓝、一小碟咸菜，既满口腹之欲，又不致太过于油腻、饱滞，瞬间解了身心的疲乏。因为这个缘故，我印象中的潮菜一直是亲民、朴实的。来汕后随着接触的深入，我才了解到原来潮菜也可以是精烹巧做的，它既可以是近在邻里的小家碧玉，也可以是能登大雅之堂的名门闺秀。

潮菜在材料上讲究因地取材，依时而食，贵贱兼用；烹饪上精做细烩，荤素搭配，食补同源；味道上坚持存其本味，清而不淡，浓而不腻，鲜而不腥，甘而不苦。钟老的《钟成泉经典潮菜技法》堪比经典潮菜的宝藏，书中介绍了烧、炸、炊（蒸）、焖、炖、焗、焗、炒、煎、煮、熬、酿、羹、扣、卤、醉、含、熘、冻、炯等20种潮菜的常用烹调技法，并以此为线索，分别介绍了相应的经典菜式。当中既有比较知名的传统菜式，如腐皮香酥鸭、五香果肉、炸凤尾虾、油泡麦穗花鱿等，又有一些我还不甚了解的传统潮菜，如干炸肝花、焖三仙鸽蛋、潮式盖料炊蟹、炊草菇鸡球、酸咸菜尾含指甲蚌等；既有朴素的家常菜式，如家庭式煎菜脯蛋、豆酱姜煮草鱼腹等，又有做工较为考究的菜式，如鸡蓉焖海参、雪耳荷包鸡、老鸡炖响螺等。

在书中，钟老就是每位读者的老师，他用简洁的语言、简要的步骤为大家介绍每道菜式的做法，而且每道菜都有一小段文字或生动有趣地介绍这道菜式背后的典故，或一针见血地指出烹饪这道菜的重点、难点。钟老就像一位慈祥、耐心又风趣的老师，在烹饪百味的人生中，用心地传承着经典潮菜的制作技法。

何启谋

广东省粤东技师学院院长

序言二

上帝的背后，站着厨师

2022年3月，我到汕头参加已故潮菜大师肖文清第2版"中国潮菜"系列书的新书发布会。会后专程拜访老朋友张新民老师，获赠新书《煮海笔记》。翻书时发现，里面有一篇《钟成泉与古早味》介绍一位处于传统与现代之间的承前启后式的潮菜大师。我蓦然想起，在广州美食圈，曾听朋友提及汕头有一位大名鼎鼎的老钟叔，就是他吗？果然！

文中提到：2012年《三联生活周刊》以《潮菜百态：一饭一传奇》为题报道潮汕美食，其中第一节《个人主义守护的田园风光》是对钟成泉的采访。里面有一段他的自述："我自认在汕头，一堆做菜厨子中间，我说自己算第二，就没有人敢在我面前称第一。"该报道还配了一张大照片，张新民形容："神情倨傲，手掌微屈做外抓状，给人很霸气、很厉害的印象。"

恰好是这一段抓住了我。直觉告诉我，他就是我要找的人！我看到了霸气背后那种艺高人胆大的底气。

底气十足的体制外高手

钟成泉生于1952年，1971年进入汕头市饮食服务公司。当年该公司汇集了包括汕头大厦在内的一批国有餐饮老店。汕头大厦楼高八层，是当时整个粤东地区最高端的酒楼，承担重大接待任务，是厨师心目中的经典潮菜殿堂。钟成泉有幸亲历了汕头国有饮食业星光熠熠的时代，参加了厨师培训班，与上一代潮菜名师多有交集。这段经历，让他获得多种滋养，拥有扎实的基础和开阔的视野。

当我以广东科技出版社"粤菜大师技法丛书"的名义向他发出正式

约稿时，他说："我可没有中国烹饪大师的名头哦。"我说："我就是要选一位像您这样的体制外高手。"

原来，钟成泉手上只有一张三级证书。

"文革"期间暂停厨师考级，1981年恢复。那次考试非常隆重：全公司老老少少几十位厨师都去参加，结果仅有4位青年厨师通过考级，钟成泉是其中之一。他拿到了三级，这是他在体制内的唯一证书。他回忆：公司人事干部告诉他，4位青年厨师中他笔试第一名。之后他再也没有去考试，他认为，学厨就像学中医，实践越多越能领会食材与厨艺的搭配，年纪越大越值钱。实际上，他几十年不去评级，是因为他进入了另一条赛道——1992年创办东海酒家，在市场经济的枪林弹雨中，接受更加严苛的一套评价体系，无暇他顾，也不屑他顾。

东海酒家注重出品，30年来口碑屹立不倒，名扬海内外，成为高端、经典潮菜的标志性餐厅。钟成泉作为东海酒家的创办人、灵魂人物、老板兼总厨，理所应当地成为汕头高端、经典潮菜的代表人之一。

这是一张过硬的成绩单，食客的口碑就是证书，它胜过千言万语。

我好奇地问："多年前，您在《三联生活周刊》上说过，在汕头，我要说自己第二，没有人敢说他第一。当真？"

他当即反驳："这是他们说的，是媒体的话，不是我说的。他们这么做让我在社会上难以做人！"此番回答逗得在座的美食工作者前仰后合。我说："我会把您的回答写出来，让您容易做人。"

屹立30年的民营企业家

钟成泉丹田气足，声如洪钟。沈宏非形容他"其貌甚古，有阿罗汉相"，相当传神！

1983年，汕头市饮食服务公司引进外资，与泰国合办了鮀岛宾馆。钟成泉受公司委派，成为鮀岛中餐厅的副经理兼厨房主管，那是他生命中的第一个高光时刻。

合资后的鮀岛宾馆更有企业的优越性。在国有公司工资只有40～50元，到鮀岛宾馆第一个月工资加奖金竟然有300元，几个月后提到500元。太激励了！他从早到晚坚守岗位，放开手脚大干加巧干，没有节假日，甚至全年无休。餐厅生意火爆，到年底，"老板通知我到他办公室去，第一年的年终奖是3 000元"。第二年月收入升至1 000元……后来还分到了房子。

也许是命中注定，他要独自下海弄潮。1992年，因为经营思路上的重大分歧，他跟老板吵了一架。多年之后回顾这次天崩地裂的吵架，他感觉还是值得的。这一吵吵出了一个东海酒家，吵出了自己的事业。

30年来，他闯过一波波惊涛骇浪，他经营的东海酒家成了美食地标。张新民文中提及："印象中（东海酒家）从来没有上过新闻也没有做过广告，但在食客中口碑绝佳，出品公认一流。"

多年积累，东海酒家有大量创新菜，但仍刻意地保留着一批代表经典潮菜的"古早味"。如五香果肉、干炸肝花、干炸虾枣、古法莲花鸡、腐皮香酥鸭、反沙膀肪酥等。

进入新世纪，大部分厨师已经不知道"从前的味道"了，但东海酒家"知道"。这些菜物料便宜却耗费人工，唯有钟成泉用一种深情去守护，那是国有时代经典潮菜的活标本。海外华侨回乡，都来这里寻找儿时的味道。

我有点疑惑地问："前辈大师的旧菜谱是不是过时了？"

钟成泉斩钉截铁地说："经典潮菜永远不会过时！那是历代厨师千锤百炼留下来的饮食精华，不存在新旧之分，潮菜一直在发展、充实。

那些不会做菜的人，才会说过时。什么是新潮菜？盘子换大了、食材缩小了、鹅头摆歪了就叫新潮吗？"

承前启后的一代大师

古人言："法不轻传，道不贱卖。"钟成泉仿佛就是这样的人。一方面，他维护传统，捍卫"古早味"；另一方面，他又坚称从来不收徒弟。他是想成为江湖上的独孤一绝吗？

他的理由严苛得有点古怪：他不想别人像对待父亲一样对他，他不接受虚伪。但他并不是一个"挟艺不传"的长者，只要相处融洽，他随时向人"抖宝"，不必拜师。

在受聘为韩山师范学院客座教授那天，他就亲自解密经典潮菜的做法。譬如一道炭烧响螺，便融合了传统与他的创新。他说，这道高端潮菜有三大关键：一是要会挑。响螺产地及外形不同，肉质及价钱也千差万别。二是烹饪时要把控熟度。时间过短，螺心没熟透，过长则变韧，败坏口感。三是下刀要准确。响螺要熟切，这时非常烫手，但不能戴手套，一定要趁热，切片要均匀，送至客人面前时要提醒趁热吃，否则口感会大打折扣。了解东海酒家的人，到此必点响螺。如果不点，证明他还不会吃。东海酒家花大价钱选购最好的响螺，处理时刀工是一绝。厨师把响螺外皮硬的部分切掉了，客人吃到的是响螺的心。这个心的部位，犹如十五六岁的少女。而在其他餐厅吃到的，则是三十多岁那种质地。

另一道经典菜是油泡麦穗花鱿，钟成泉认为，它可以用来考验厨师：一考刀工，二考鼎工（炒镬），三考上粉水（勾芡）。可谓一举三得！潮菜的油泡与广府菜不一样，潮菜要把蒜炸香翻炒，油温要控制好，最后煎至金黄的蒜要挂在鱿鱼上。上粉水的重要性很多人不知道，它不但能收汁，还能保持食材的鲜美口感。可以说，这道菜是不能消失的。

"厨师可以创造价值"

这是钟成泉的原话。他让我认识到，在上帝背后，站着厨师。厨师能在已知与未知之间创造价值，重新给食材赋能。

有一道化废为宝的"古早味"：五香果肉。钟成泉说，这是早年罗荣元师傅传授的，用的都是厨房里的边角废料。用心的厨师可以化腐朽为神奇，以粗料细作的方式，呈现一道全新的菜肴。更重要的，是懂得珍惜食材。如果不懂这个，怎么控制成本？他告诫年轻一代："我至今视这道菜为经典，它体现了厨师的敬业精神。"

潮汕的卤水鹅肝，入口即化，非常美味。钟成泉说，要让客人吃到最好的卤水鹅肝和卤水鹅肠，必须准备两只鹅。一只要饿着，一只要喂饱。采肝的那只，就得喂饱，这样粉肝才够大且松软；采肠的那只，必须饿着，因为鹅肠很薄，饿着它，肠才会脆。饱腹鹅的鹅肝贵，但肉不好吃；空腹鹅的肠子好、鹅肉贵，但鹅肝硬邦邦的。

有一种海鱼，潮汕人称为豆腐鱼（九肚鱼），它味鲜而价贱——身软水多，一碰就碎，难登大雅之堂。从前家家户户都是拿来炸，或用它煮个汤。后来，潮菜师傅研究出多种烹调法。钟成泉说："以我为例，我先将它用鱼露腌起来，然后用清水煮——记住，一定不要用上汤。上汤反而会破坏它的味道。经过这番处理，它的肉就不易碎了。调配料我用了蒜头，有些师傅还用铁板烧、椒盐、菠萝等。这种鱼有时候竟然卖到40元一斤！要知道，从前才几毛钱啊，这就是厨师的功劳！厨师用自己的技艺和聪明才智，让豆腐鱼翻身变成抢手货，既为大众提供了多样化的口味，也提高了餐厅的经营水平。"

有位法国人说："对人类幸福而言，发现一道新菜比发现一颗恒星还要伟大！"

钟成泉们用实践给这句话做出了最佳注脚。

本书看点

本书是钟成泉入厨50年的经验总结，可谓真金白银，汇聚终身成就，全部是第一手的干货。

全书分为两部分：上篇是入厨通识，是实打实的"真功夫"，作者命名为"功夫理解"。包括烹饪过程、菜肴挂浆、勾芡、干货涨发、刀法、酱油卤水配方、上汤熬炖、蘸碟、笋花雕刻、主要烹调法等。下篇是实操案例，用88道菜介绍了潮菜的烧、炸、炊（蒸）、焖、炖、焗、焗、炒、煎、煮、熬、酿、羹、扣、卤、醉、含、熘、冻、炯等20种烹调技法。

最具个性的，是每道菜的开头部分以小故事形式介绍传承脉络：当初哪位师傅的演示，儿时母亲或邻里的做法，食材的传统加工方法，或自己多年来挑选、处理食材及烹饪的秘诀。这些小故事有情怀有温度有态度，全部是亲见亲闻及亲身实践，不掺假地诠释了经典的传承及演变。

此外，在出版社的再三要求下，作者对每道菜的原材料及调配料也进行了清晰标注，把从前"适量、大约、少许"等模糊表述全部量化。也就是说，那些点石成金、师徒之间私相授受的"一师一法"的秘技知识在这里全部公开。

以上，都是本书的价值所在。

钟洁玲

资深编辑，美食作家

自 序

应钟洁玲老师之邀，为广东科技出版社撰写《钟成泉经典潮菜技法》，我沉思良久，觉得还是有一些必要，于是便揽下此"活"了。

我之前已出版了《潮菜心解》，那本菜谱的内容本是借鉴一些传统菜肴编写而成的。如果再编一本菜谱，恐怕内容会交叉接近，有同款化之嫌，故一直在思虑中。

女青年喜欢问"我和你妈掉水里，先救谁"的无厘头问题，让被问者为难。虽然写菜谱和"先救谁"不是同类问题，然而挑选菜肴也有先选谁的问题。

选谁都一样，它们都有被选的独特优点，真实情况是"妈妈和媳妇"一样重要，究竟选谁呢？按照我的规划，《钟成泉经典潮菜技法》一书必须先考虑菜肴在操作过程中的难点和技术性要点。

答应了，就必须写；写嘛，还必须认真。所以说是要经过深思熟虑才能答应。

潮菜（又称潮州菜）作为广东三大地方菜系之一，能够在国内、国际上得到认可而且一直受欢迎，是广大潮汕人（厨师）长期努力的结果。经典菜肴，特别是一些名菜肴，是厨师们发挥烹饪技艺、总结历代文人的资料，才得以传承、发展的，而这些留下来的名菜肴都是经过千锤百炼的，技术含量极高。所以，我觉得广东科技出版社集大家之力完善系列经典菜肴技法，我们应给予支持。

有一点必需说清楚，撰写《钟成泉经典潮菜技法》一书，我本想放弃一些已经编入《潮菜心解》中的菜肴，选择一些新的菜肴，然而我总觉得《潮菜心解》中的名菜，如油泡麦穗花鱿、五香果肉、腐皮香酥鸭、干炸虾枣等，如果没有加入本书中，好像有所欠缺，有愧"经典"二字。我认为，论传统、论技法，这些菜肴都值得推广—推广—再推广。

同门陈汉华先生曾经跟我说过，作家写文章都是一稿多投，希望文章能让更多的人认可。他说："菜品也一样，好的品种可以在多个地方和多种场合出现，目的也是让更多的人品尝。"

编写菜谱也一样，好的菜肴也应该在多本菜谱中出现，这便是所谓多次编写的目的。我一直觉得陈汉华先生的话有一定道理，特别是在潮菜的传承方面。

基于上述各种理由，我便有选择地写了一些技术性较强的菜肴，重复地充实到本书中。其中便有油泡麦穗花鱿，它在潮菜中绝对是技术型的菜肴，对厨师而言是一道必考题。当年潮菜名师罗荣元师傅曾经向我们解释为什么会选择此菜肴作为一道考题。他说，这是一道体现刀工和鼎工的菜肴。从刀工上可以看出厨师在操刀上的细腻，如果刀工不到位，很难将它的麦芽花挑出来。从鼎工的操作上又可以看出芡汁把控是否到位，能否把金灿灿的蒜头粒挂在麦芽上。

干炸虾枣是一道潮汕人皆知的传统名菜肴。许多人都不知道它为什么会被称为"枣"，甚至连厨房的一些师傅都不知道。于是我在书中根据潮菜名师罗荣元师傅的解释向大家做了介绍。

腐皮香酥鸭，如今已不见出品了，记录的目的便是不让它被遗忘。此道菜肴虽然选材普通，但是技术含量极高。其中包含切、卷、扎、炸、炆、复炸、煎多重烹调技法，过程烦琐复杂，入味入料多重，让一些人很难理解。我曾和一些朋友开玩笑，酒楼专业师傅的出品一定是家庭主妇不能及的，且一定有一些是家庭主妇难以学习的菜肴，要不然需要这些酒楼干什么。因而被收录在《潮菜心解》的这些名菜肴，再次被收录到《钟成泉经典潮菜技法》中，好让大家能体会它们的技术精髓。

本书中，我更多的是选择普通食材烹制而成，甚至是非常家常的菜肴。如家庭式煎菜脯蛋是普通得不能再普通的家常菜肴，有人可能会认为这是一道配送白粥的杂咸类菜肴，然而，我认为只要做得好，它便是一道佐酒送饭的佳品。

还有黄迹鱼、狗母鱼（大头狗母鱼的简称）、赤领鱼（狼鰕虎鱼）等都被列入本书中来。别小看这些普通的小鱼，它们是我们餐桌上的日常菜肴，这次用专业的手法烹制，让大家参考和借鉴。

值得一说的是，这次编入的菜肴中，有很多是要重点体现辅料，特别是豆酱、豆酱姜、酸梅、豆豉、菜脯、酸咸菜、冬菜、贡菜等。这些辅料的加入，对菜肴的味道有较大的提升和改变，可以让大家更明确多味性菜肴是如何搭配的。

这次编入的普通菜肴中，除了一些具有技术含量的菜肴之外，也兼有一些具有趣味性的菜肴，特别是焖沙茶牛腩土豆。1975年，我在汕头市原大华饭店饭菜部工作的时候，读到毛泽东主席的一首词，其中有一句"土豆烧熟了，再加牛肉"的句子。大家在学习的时候，突然灵机一动，把焖沙茶牛腩番葱（洋葱）改成焖沙茶牛腩土豆，效果竟然不错，而且菜品还有了时代的趣味性。

真的，我们可以放弃一些高端菜肴，让更多大众性菜肴走进大众视野。一帮师兄弟都笑着说，这次编写的菜肴，从表面看，菜品质量是下降了，但实用性更强。菜肴虽然普通廉价，可操作人群的范围却更广，意义深远。

虾酱炒粉豆、虾肉炒秋瓜都是第一次被收录到菜谱中。可能有人会认为这么简单的菜不应该编入书中。把这两道菜写入菜谱中，我有过思考，特别是经常听到人们说炒粉豆不好吃或炒秋瓜会变黑之类。今天把这两道菜编写进来，主要是想告诉大家粉豆怎么炒才能既青翠又软嫩、秋瓜怎样炒才不会变黑。

我年轻的时候在汕头市原大华饭店看到过郭创茂师傅冲制豆腐花，看过陈松华师傅做草粿（凉粉），而自己一直没亲自做过。近期，我想把这些手艺重新学习一下，然后完善整个操作程序，做一些记录。这惹得很多人笑话，认为这在烹调上是一种低级的出品，不用我劳心。我心里却不是这样想的，我认为这是一门生存手艺，如果掌握得好，便是行业技艺。很多工匠都是一辈子在一门手艺上坚持，又用一辈子精益求精地形成经典，这便是工匠精神。

本书旨在介绍经典潮菜，而潮菜也是潮汕文化的一个方面，为了原汁原味地呈现潮菜特色，书中的食材等保留了潮汕地区的习惯叫法，如狗母鱼、梅只等。如有不足之处，欢迎大家指正！

哈哈！借这次编写《钟成泉经典潮菜技法》之机，说出了几句自己一直想说的话。普通才是大众，做好才是经典。

目 录
Contents

七 酿

八 羹

九 扣

十 卤·醉·含·熘·冻·焅

功夫理解
PART I

烹饪过程变化

1. 食材需求———知、挑、选、辨、拣。
2. 功夫展示———洗、切、配、煮、调。
3. 出品呈现———色、香、味、形、器。
4. 菜肴完成———鲜、纯、量、质、值。

以上是一组简单说明，它展示了一道菜肴从初加工到完成，在每个环节上相连的完整过程。

菜肴挂浆的作用

挂浆是在烧、炸、煎、焖、烤之前对菜肴进行保护的必要手段。

菜肴挂浆的作用如下：

1. 保护菜肴免被烧焦烤糊，其营养成分免受破坏或者减少流失。

2. 保证菜肴的调料和腌制味道不流失，使菜肴更入味，同时使其酥、松、脆、香、嫩等口感能够在口腔中体现出来。

勾芡对菜肴的作用

　　菜肴在完成出品时需要勾芡的，就必须勾芡，这可以让菜肴有更完美的呈现。

　　菜肴勾芡是利用湿粉水收紧汤汁，使更多汤汁的味道附着在菜肴上。汤汁不流失，菜肴更具营养和风味，所以勾芡是用来锁味而不是调味的。

干货食材涨发过程

在烹制菜肴时，任何菜系都会用到一些干货食材，涨发法便是为了让干货食材得以恢复到原来的体积甚至更大。涨发法的手段究竟有多少种呢？其过程又是怎样的呢？

涨发法主要可分为四种：水发法、冰发法、油发法、沙发法。

还有一些另类的涨发法，如密封式气体涨发法（玉米）、酵母发酵涨发法（面包）、器械击打涨发法（蛋糕）。

水发法

该法是一种通过清水浸、煮一定时间，让食材恢复原体积的手段，主要适用于以下两类干货食材。

一类是比较轻型的干货食材，如元贝、香菇、木耳、腐竹、笋干、莲只（莲子）、百合、粉丝等，在水发的过程中只需洗净或者简单处理一下便能恢复到食材的原体积。即只需要通过浸水—煮透—换水—浸水，时间上较短。

另一类是要用浸焗煲煮的水发手段才能达到效果的干货食材，其过程多为食材先行浸水，然后换水煮沸，煮沸后让其冷却换水，4小时后再煮沸。如此反复多次，目的是防止细菌滋生，特别是夏天。时间上也比较长，要特别注意的是需反复清洗掉这些食材中的不洁物和杂质，及时更换清水，达到恢复体积的目的。目前比较适合这种水发手段的食材有燕窝、鱼翅、海参、鲍鱼、鱼皮、龟裙、动物干脚筋类（猪脚筋、牛脚筋、鹿脚筋）等，但这些干货食材在涨发过程中恢复的表现不尽相同。

冰发法

该法是一种让干货食材在逆反的水浸式中涨发的手段，最适宜的干货食材是花胶（鱼胶）。利用蒸汽的温度让整个胶体变软，随后用冰水浸泡，如此反复多次。花胶在较冷的环境中既能防止细菌滋生，又能让胶体慢慢舒展开来。花胶在冰发期间，可能一次便好，也可能要多次，这要视其胶体大小、厚薄和存放时间而定。

油发法

该法是一种通过油温，让干货食材迅速膨胀的手段，最适宜的干货食材是干肉皮和鳗鱼鳔、金龙鱼鳔、猪脚筋、鹿脚筋等。糯米干饭粒的涨发也适用油发法。 在油发鳗鱼鳔和猪脚筋的过程中，油温应从最适宜的100℃开始，逐渐升到160℃左右。在热炸翻转时，需喷上少许冷水到油中，让它产生热气，迅速膨胀到鱼鳔等食材中。

沙发法

该法是一种让干货食材通过细沙的热度迅速膨胀的手段，主要适用于干肉皮类。如今很少人使用沙发法了，尽管少用，但还是必须交代一下沙发法的过程：大鼎中放入溪沙，炒热后把干肉皮放入鼎中，然后用铁铲反复把热沙铺到干肉皮上，让其受热膨胀。其实炒热细沙在烹饪上还有其他应用，如炒花生、栗子、白果等。

主要刀法

直刀法

此刀法适宜口感酥脆的食材，运用手法是手掌与腕部运力，切配上垂直起落运作，适用于瓜、果及豆腐制品之类。

推拉刀法

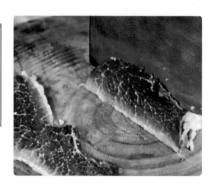

此刀法适宜相对柔韧的食材，运用手法是手掌和腕部运力，切配上是刀往前推进的同时再往后轻拉，如鱼肉和其他肉类的切片。

平刀法

此刀法适宜食材的平片，运用手法是右手掌握刀，拇指轻按刀把，作平行姿势，左手掌压住食材，让刀与砧板平行，切配上多为肉类，达到厚薄均匀的效果为佳。

斜刀法

此刀法适宜对个性较强的食材进行分解，运用手法是手掌握刀，刀口向内或向外，用腕力运作，切配上以片、块最佳，特别是食材纹路呈现片状最适宜。

滚刀法

　　此刀法适宜圆柱形食材的切配，如萝卜、莲藕、山药等，特别是要切成棱角块状时，需一边翻滚一边切。

剁刀法

　　此刀法能让食材由大变小，由粗变细，由粒变蓉。剁刀法是改变食材形状的最佳手段，要注意腕力的合理使用。

砍刀法

　　此刀法适宜砍断粗块、带骨、有硬度的食材，使用时需要一定力量，要注意臂力的使用不宜过大。

雕刀法

　　此刀法适宜细腻的工艺雕刻，如冬瓜盅、笋花等，操作时会左右不停变换，不规则地运刀能让菜看更有艺术感。

酱油卤水配方

原材料

肥肚肉（五花肉）1 000克　川椒25克　八角25克　桂皮10克　小茴香10克　豆蔻10克
丁香10克　草果10克　香叶10克　甘草10克　南姜25克　生姜25克　大蒜50克　青葱25克
芫荽25克　辣椒25克　蒜头25克

调配料

味极鲜酱油2 000克　草菇酱油250克　清水3 000克　味精50克　精盐50克　冰糖25克
白酒25克　猪油250克

✖ 制作步骤

1. 取大锅一个，注入部分清水，将味极鲜酱油、草菇酱油先后注入锅内，随后加入味精、冰糖、白酒、精盐、猪油、肥肚肉（五花肉），煮沸后转慢火。

2. 把川椒、八角、桂皮、香叶等材料放入鼎中，用慢火轻轻烘炒一下，让其发出药香气味即可。随后用网兜装在一起，包住后放入卤水中养味。

3. 把南姜、生姜拍破后和大蒜、辣椒、蒜头、青葱、芫荽一起放入卤水中养味。

4. 整个过程必须用慢火养卤30 ~ 60分钟，才能放入想要卤的鸡、鹅、鸭、乳鸽或者其他肉类。

🍲 技艺要领

1. 可以将花生米油炸至酥脆后捣烂，用网兜包住后放入卤水中，它自然会飘出植物的醇香气味，无须加入化学香料和违禁香料。

2. 可以选择味极鲜酱油和草菇酱油一起加，这样既有香气又能增强色泽，无须加入糖浆色油。喜欢带点南乳味道者，可以加入一点南乳汁，这样卤水会产生南乳香气。

3. 整锅卤水的容量和咸淡口感，最好根据现场来判断，加和减都由现场把控决定。

4. 卤制一切肉类食材，时间都必须保持40分钟以上才能入味和熟透，其肉质要达到最佳效果，也要视现场判断而决定卤制时间，同时要注意对肉类进行翻转和吊汤，特别是鸡、鹅、鸭。

5. 卤水在完成卤制后可以保留下来形成老卤水，但其他料头必须去掉，且必须滤去卤渣，同时做好保鲜。每次复卤的时候，根据味道要求加入新料头，用量要视其肉量的多少而定（包括水量）。

6. 特别提醒，卤料中的药材部分，适可而止，不宜过多，多了反而会让卤水带苦味。

7. 此卤水配方是根据小量（2只鹅的量）而制定，如果量大了，要根据需求重新设定比例。

    食物都是人所为之的成果，灵活掌握是关键。以上卤水配方是个人观点，只供参考，可根据地方饮食习惯调整。

上汤熬炖方法

"未做菜先革汤（熬炖上汤）"，把上汤做好了，菜肴入味质量即完成了一半。故此，完成一道好菜肴，上汤的作用是至关重要的。

编写一本菜谱，必须先介绍熬炖上汤的方法。以下是潮菜上汤的汤料和传统做法。

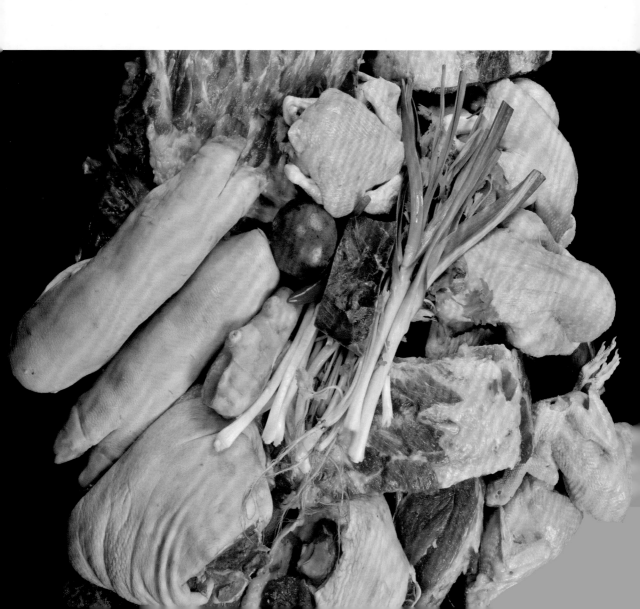

原材料

老鸡2只（约4 000克）　鹧鸪8只（约2 000克）　排骨5 000克　瘦肉5 000克
腰龙骨5 000克　火腿250克　罗汉果1个　生姜25克　青葱50克　芫荽50克

调配料

味精50克　精盐100克　白糖25克　桂花酒25克

✕ 制作步骤

1. 将老鸡斩成对开的四大块，排骨斩成几块，腰龙骨斩块，瘦肉剁烂后用手做成肉团（不用太烂）。将鸡块、鹧鸪、腰龙骨块、排骨块飞水（焯水），用清水漂洗干净。
2. 取大生铁深锅一个，放入竹篦垫底，将罗汉果、火腿先放入锅底，再将老鸡、排骨、腰龙骨、鹧鸪依次放入锅内，肉团轻轻放到大锅的边上。要注意叠放在锅边上，尽量让中间留空，形成凹凸状，以便于舀汤。
3. 烧沸清水，慢慢注入锅内，加入生姜、青葱、芫荽、桂花酒，调入少许味精、精盐、白糖等。旺火烧沸后轻轻撇去汤沫，转慢火炖4小时，直至汤水出味，汤色呈浅黄色即可（切忌盖锅）。

这种明火暗滚的熬汤方法，其效果是汤清见底，醇香入喉，加上几滴油花支撑着，肉香气轻飘。

潮菜的主要蘸碟

　　谈论潮菜的美味，基本上都是在谈潮菜的做法，特别强调适季食材的鲜度和厨师的烹饪技巧，却忽视了品尝前的最后一个环节——蘸碟的加持。

　　然而，熟悉潮菜烹饪的行家们都会强调蘸碟在潮菜中的点缀作用，甚至会强调一菜一蘸碟的出品高度。

　　我烹调一生，也一直认为，蘸碟更多的是能起到画龙点睛的作用，具有诱发菜肴增香增味的能力。

　　这次编写《钟成泉经典潮菜技法》，我一直想把多种蘸碟放入书中，同时列举一些搭配上的理由，让更多人明白潮菜为什么受到重视和被人们热爱。比如潮菜蘸碟有配置陈醋（浙醋）的习惯，它和炖鱼翅、焖鱼鳔、焖花胶、煮北方水饺等搭配。

　　在这里必须说明白为什么要配置陈醋，陈醋的作用主要是解腻，当客人在吃红炖鱼翅的时候，往往到了后半截会感到腻口，这时候调入陈醋，顿时觉得非常爽口解腻，剩余的鱼翅也容易吃完。

　　从蘸碟配置的规律上，只要细心注意，即可看到，还是有严格区分的。甜酱主要用于蘸烧、炸类，如烧鸡、烧鹅、炸凤尾虾、干炸虾枣、腐皮酥鸭等。橘油、梅膏酱则是甜中带酸，酸中含甜，如果配置在烧、炸的美食中，可能会更酸，潮菜一般都会将它们配置在生炊龙虾、生炊虾婆、白灼响螺和一些海螺等海鲜中。

　　由此，我们不难看出，蘸碟搭配得合理，起到的作用是增鲜和改变味道。潮菜中还有很多独特的酱料，例如姜葱油、川椒油、梅只乌糖酱、辣椒醋等，这些酱料作为蘸碟出现，多少都会达到提鲜、增味、清毒和改变味道的效果。

　　鱼露绝对是潮菜调料和蘸碟的骄傲，风味独具一格，是其他菜系中少有的调料和蘸碟。鱼露作为蘸碟，和蚝烙、秋瓜烙、猪脚冻搭配一绝。许多蘸碟在搭配上还存有共性，潮式鱼饭用普宁豆酱，白切鸡也可以用豆酱。最能融合众味的蘸碟是豉油，最能体现个性的是椒盐，最能增强气味的是唥汁。

　　蘸碟在潮菜体系中虽是小角色，但发挥得好，画龙点睛。

笋花雕刻

　　笋花雕刻是潮菜烹饪技艺中一项独特的、富有艺术性的刀工技术，在烹饪雕刻中最能代表潮菜雕刻特色和艺术成就。笋花雕刻展示了潮菜厨师精湛的刀工技艺，以及对潮菜的思考。它除了作菜肴配料外，还经常用作菜肴的围边点缀，具有极佳的视觉效果。

主要烹调法

烹者，火候也；调者，加入食材，赋予一定时间，相互补缺，达到入味效果，让菜肴更加完美，其呈现手段即为烹饪之方法。因而理解烹调法是每一位厨师必须掌握的基础。

煮——相对比较简单的烹饪手法，它有直接煮，也有半煎煮、熬煮等几种，这几种煮法会让食材膨胀、熟透、入味。

炒——猛火烧鼎，快速翻炒，适用于食材在短时间内入味、出香、熟透，菜肴呈现出嫩滑、清脆、糊汁紧身的特点。

炖——直接用阳火炖叫明炖，特点是猛火烧沸，慢火熬煮，在一定时间内让菜肴烂透入味且汤汁浓香醇厚。用隔水蒸汽炖称为静止炖法，大多数是用在清炖方面，其目的是使汤清澈，其汁味甘。

焖——有红焖和生焖之分，根据食材的需求控制火候，在一定时间内让其入味，呈现出的菜肴的品相是宽糊和多汁。过去的厨房用语有"逢焖必炸"，这说明炸是焖的关键点。

煎——用平鼎在慢火中把食材煎熟，适宜放少许油，任何菜肴在烹制中都有半煎和全煎两种，其目的是使菜肴熟而酥脆含嫩，具有提香作用。

炊（蒸）——利用饱和蒸汽对食材进行穿透而使之熟，过程中食材是在静止中接受气体熏蒸，使菜肴整体成型完美。

煺——用一定量的食材在一定时间内不间断地熬煮，这一操作方法被厨师们称为煺，其目的是完成菜肴的熟透入味，在表现上达到韧、稠、滑。

炸——利用油温去烹制半成品或者成品，其过程就是炸，操作得好，菜肴至少完成了一半。

浸——食材在烹饪过程中经常用到浸，它具有让食材发软、膨胀、熟透的作用，浸更多的是在静态中进行。

下

烹调技法 II
PART

篇

钟成泉经典潮菜技法

烧·炸

腐皮香酥鸭

这是一道传统名菜，出自潮菜名师罗荣元师傅之手。烹制这道名菜要经过切、卷、扎、炸、炆、复炸、切、煎、淋的烹饪过程，才能达到完美出品。

罗荣元师傅强调，选材上用散养的土鸭比较好，个头不会太大。在整个烹饪过程中，要把卷好的腐皮鸭卷放入油锅炸至金黄色后才能炆，要求深汤，并加入一些肉料，使其入味。这道菜在操作上需先炸后炆。由此，我提出两个观点。

第一，捆绑好的腐皮鸭卷要炸至金黄色后才能炆，如果在炆制前不经过油炸，腐皮容易烂掉，从而影响下一步的烹制。

第二，如果选用蒸汽加热，只是让其透熟而已。炆则不同，用慢火将肉料和调配料在浸煮过程中慢炆，能让食材相互渗透入味。另外，鸭肉比较坚韧，用炆的烹制手段更恰当。

原材料
光鸭1只（750克）　腐皮4张
白肉（猪肥肉）500克　鸡（猪）肝200克
糯米200克　咸草绳10条　姜4片　葱4条

调配料
精盐8克　味精3克　酱油15克
胡椒粉5克　白糖2克　白酒5克
喼汁15克　生油约2 000克

✖ 制作步骤

1. 光鸭洗净擦干，去骨取肉，再将鸭肉片成薄片，用姜、葱、精盐、味精、白糖和白酒腌制20分钟。把白肉片成薄片后按上述方法腌制，将鸡（猪）肝切成条状。糯米淘洗后炊熟成糯米饭，然后加入精盐、味精、酱油调和待用。

2. 把腐皮摊开，用水雾化软，先放上一层鸭肉，再叠上一层白肉，然后一侧放上糯米饭压平，把鸡（猪）肝条放在糯米饭上面，最后将腐皮连同鸭肉卷成圆条形，随即用咸草绳捆绑起来。捆绑时注意扎均匀和扎紧固。

3. 烧鼎热油，油温140℃左右，将捆绑好的腐皮鸭卷炸至金黄色，捞起，转入锅内炆制约30分钟后取出，候凉后剪去咸草绳，改切成段节。

4. 把改切成段节的腐皮鸭放入120℃左右的热油炸至外皮酥脆，捞起后改块，再放入平鼎稍微煎一下，撒上胡椒粉即成，跟喼汁上桌。

☷ 技艺要领

整条腐皮鸭卷一定要扎紧固，炸后要炆至入味，复炸的时候要注意油温不宜过高。

五香果肉

一道五香果肉让很多人喜欢，它的酥脆甘甜和五香味道让人回味无穷。五香果肉不仅美味，还有一则动听的故事。

潮菜名师罗荣元师傅早年在传授给我们这道菜肴时对我们说过，五香果肉是一道体现了厨师敬业精神的名菜肴。他说此菜肴原本是厨房的下脚废料，厨师在整理食材时，发现一些猪碎肉料有利用价值，就加入辅料，粗料细做，完美呈现了一道全新的菜肴，精神可嘉。罗荣元师傅说了，如果厨师没有敬业精神，绝对不可能出现此道菜肴。因此五香果肉一直被认为是厨师敬业精神的典型案例，你认为呢？

特点

外酥里嫩，香气突出。

原材料

猪肉（肥瘦相间）600克

青葱250克　马蹄（荸荠）100克

冬瓜糖片100克

油麻（芝麻）15克　猪网油2张

调配料

五香粉15克　味精3克　盐8克

白糖15克　胡椒粉5克　白酒5克

干薯粉200克　面粉200克

生油约2 000克

✗ 制作步骤

1. 分别把猪肉、青葱、马蹄、冬瓜糖片切丝，油麻炒香，加入五香粉、味精、胡椒粉、盐、白糖、白酒和部分干薯粉搅拌均匀，即为馅料，候用。将猪网油洗净，候用。

2. 将猪网油铺开，把馅料放置在一侧，然后卷成圆条状，再用刀横切成5厘米长的粒状；面粉和干薯粉各半，用水和成稀浆。

3. 烧鼎热油，当油温达到120℃以上时，将半成品果肉逐粒挂上稀浆，放入油中炸至金黄色，捞起，装盘装饰。上席时可配甜酱，也可作酸甜炒法。

🍲 技艺要领

1. 油温宜偏高，以免粘连。

2. 裹浆一定要均匀，防止焦面。

干炸肝花

我查阅了很多资料，选择猪肝作为菜肴出品的，大多数是用在滑炒、氽汤和卤制中。滑炒猪肝是一道非常普遍的菜肴，大家都希望做到猪肝嫩滑且不流出血水，但它往往在中途就出血水。氽汤或者煮粥同样面临着如何使猪肝嫩滑且不出血水的问题，而卤水猪肝又难免过度硬化，虽有香气但口感不佳，这确实是一个难题。传统干炸肝花，选择了另外一种烹制方法，利用其他食材相互搭配，合理解决了猪肝硬化涩感和出血水等问题。更重要的是加入调配料，特别是贯穿着川椒味，成就了一道全新的菜肴。我认为，潮菜前辈师傅在烹制猪肝上的处理，确实非常用心，因而留下了这道名菜。

原材料
猪肝500克　白肉200克
鲜虾仁200克　青葱250克
猪网油1张　鸡蛋1个

调配料
川椒末15克　胡椒粉2克
味精3克　精盐8克　白糖2克
白酒5克　生粉25克　酸甜瓜50克
生油约2 000克　甜酱50克

✕ 制作步骤

1. 用刀把猪肝顺切，再横切成齿形片；把白肉改细条状后切薄片；青葱洗净，用刀斜切成细节，然后与猪肝、白肉放在一起。

2. 鲜虾仁洗净后吸干水分，放在砧板上用刀面拍成虾胶，放入盆内，加入鸡蛋清和精盐，搅拌成虾浆，再加入猪肝、白肉、青葱，调入川椒末、胡椒粉、味精、精盐、白糖、白酒和生粉，用手搅拌均匀。

3. 猪网油洗净后铺开，把拌好的猪肝放在猪网油的一侧，排成长条状，然后卷成圆条，再放入蒸笼炊至熟透后取出，候凉后切成小节，便于入炸。

4. 烧鼎热油，油温100℃左右，把肝花节挂上薄浆后炸至金黄色，捞起，切成小块，伴上酸甜瓜，配上甜酱即成。

技艺要领

切猪肝一定要先顺刀切花，然后横刀切断，这样猪肝的张力才不会穿破猪网油。

炸凤尾虾

炸凤尾虾是一道传统潮菜，起源年代不详。在20世纪70年代中期至80年代，曾经是汕头饮食店的热销菜品。过去，炸凤尾虾所用的脆浆糊，都是用发酵面粉调和而成，很多时候要凭厨师的经验去调，然后才能入炸，其稳定性往往不理想。如今，餐饮食材调料发展迅速，脆浆粉已经代替了原始的脆浆糊，因而方便多了。

炸凤尾虾在今天食材调料大流通的环境下，悄然退下，想想有点悲伤，因而记录它，使之永远被铭记。

特点 外酥里嫩，鲜味十足。

原材料

中只明虾300克　生姜2片
葱2条　脆浆粉500克
发粉2克

调配料

味精3克　精盐8克
胡椒粉2克　白糖2克
白酒5克　生油约2 000克

✖ 制作步骤

1. 明虾去掉头部，剥壳、留尾，用刀从虾背轻轻片开，不要
   切断，取出虾线，然后轻轻地把虾肉拍开一点。随即把生
   姜、葱拍碎，调入味精、精盐、胡椒粉、白糖、白酒，加
   入虾腌制20分钟。
2. 把脆浆粉用清水调和开后，加入发粉和少许生油，让其发
   酵10分钟。
3. 烧鼎热油，油温120℃左右，把明虾独只粘上脆浆糊后，
   入炸，注意翻转，炸至金黄色、外皮酥脆即可。

🍲 技艺要领

　　虾剥壳的时候，要注意留尾，刀从虾的后背切后要注意
轻轻拍一下，让其纤维松弛，这样炸的时候虾身才能垂直。

椒盐白对虾

烹制椒盐虾，在许多酒楼食肆中都有过，但是用料不尽相同，特别是在选用虾的类别上。此菜肴所介绍的虾是南美白对虾，这是我多年来在烹制椒盐虾的各种虾类中，比较后选择的一种。基围虾和沙卢虾的虾身，虽然鲜甜，但是外壳过硬，咬着容易生渣，其他虾在个头上难以求统一。而养殖的南美白对虾的外壳偏薄，炸起来虾壳比较酥脆而且虾身透红。最大的好处是南美白对虾在市场上随时都有，容易买到，家庭主妇也比较容易操作。

特点 虾身鲜艳，椒盐味浓郁。

原材料

南美白对虾400克

芋头200克

调配料

椒盐粉25克

生粉或薯粉50克

生油约2 000克

✖ 制作步骤

1. 将南美白对虾去毛须与棱角，洗净后沥干水分，再把少许生粉或薯粉撒在虾身上，搅拌均匀后候用。芋头刨皮，用刀切成细丝，用清水泡洗去淀粉，沥干候用。

2. 烧鼎热油，油温140℃左右，将芋丝炸至赤色后捞起，放在盘底作为陪衬之用。

3. 将南美白对虾下油鼎热炸一次后捞起，候油温升高少许再把虾倒入复炸，至南美白对虾呈现酥脆的效果，沥干去油，把鼎渣清理干净，将炸好的虾倒回鼎中，一边撒椒盐粉一边轻翻炒，让它受热均匀入味即好，上席时把虾放在炸好的芋丝上面。

🍲 技艺要领

撒上椒盐粉的虾要重新倒回鼎中，利用鼎中热气，让椒盐粉更易渗透到虾的身上。

干炸虾枣

这一道传统潮菜，流传于潮汕各地，深入人心，而且是潮汕各大酒楼的当家品种，但虾枣的做法各不相同。潮菜名师罗荣元师傅在传授此道菜肴的时候特别强调，虾枣的形体与虾丸不同，更应该接近新疆大枣，所以才叫枣。制作虾枣选用的材料主要是普通虾仁，不需要大只的虾，如大对虾、九节大花虾等，因而能做到物尽其用。

特点

酥松爽口，鲜嫩香甜。

原材料
鲜虾仁400克　白肉100克
马蹄肉100克　韭黄15克
鸡蛋1个　面粉25克

调配料
川椒末8克　胡椒粉2克　味精3克
白糖2克　盐8克　白酒3克
生油约2 000克　甜酱50克

✖ **制作步骤**

1. 鲜虾仁洗净，吸干水分后剁碎待用。

2. 分别将白肉、马蹄肉、韭黄切细后加入虾仁碎，调入川椒末、胡椒粉、味精、盐、白糖和少许白酒拌匀，再加入鸡蛋和面粉，轻轻搅拌均匀（不能使劲拌，以免产生筋道）。

3. 烧鼎热油，油温控制在100℃左右，把拌好的虾馅挤成椭圆状，用汤匙舀进油锅内炸至金黄色，捞起后呈不规则的枣形。上桌时配上甜酱。

🍲 **技艺要领**

　　控制不让虾肉产生胶质，因此只能剁而不能拍，而且不能剁得太细，否则虾枣表面会变得圆滑和韧皮。

巧烧水鸭

特点

肉质厚实，味道饱满。

传统的烧水鸭叫干烧，是从干烧雁鹅延伸过来的。干烧这个手法难以得到烹调理论的支持，因此我把它改为巧烧，避免了提问上的尴尬，同时更能够理解许多潮菜从一个品种转变为另外一个品种有着许多巧妙之处。野生绿头鸭被列为国家二级保护野生动物，禁止食用了，如今巧烧水鸭的材料都是来源于养殖水鸭，体重在750克左右。水鸭的主要特点是腿细、胸部肌肉厚实。

原材料

潮式卤水鸭1只（约750克）（卤水鸭参考卤鹅的做法）

调配料

唥汁15克　酱油15克　胡椒粉2克
味精3克　白糖2克　脆浆粉25克
生油2 000克　甜酱25克

✘ 制作步骤

1. 将卤好的水鸭用刀取出鸭胸肉，骨头剁成细块。同时把脆浆粉用水和开备用。再用小碗调入味精、酱油、白糖、胡椒粉和唥汁，拌匀待用。

2. 烧鼎热油，油温120℃左右，将鸭胸肉挂上脆浆后放入热油中炸至赤色，捞起。随后把鼎中的油倒尽，将鸭胸肉和骨头放回鼎中，泼上唥汁即可盛起。接着热油，冲入拌匀的配料中，调成胡椒油。

3. 巧烧后的鸭胸肉用刀斜切，一片片依次叠放在骨头上面，最后淋上胡椒油。可借助花草点缀，上席时配上甜酱。

🍲 技艺要领

潮式巧烧水鸭必须有一个卤制过程，而且要注意入味。炸鸭胸肉时浆糊不宜过厚。

脆皮海参

海参是一种具有多功能特性的食材，含有胶原蛋白、牛磺酸、蛋白质、碳水化合物和多种维生素。然而海参也是一款难以烹饪的海中食材，特别是猪婆海参，它整条厚实坚硬而且含有大量石灰质，在涨发过程中占用时间较长，加上腥味较重，如果处理不当，则难以下咽。

潮菜厨师过往在烹制猪婆海参之类的食材时，大都是以红焖（红烧）为主，且借助其他肉类来入味，这样才会达到美味可口的效果。脆皮海参在原有焖的基础上，改进了烹调方法，选用炸的手段，炸后入味，再次复炸，让海参的皮酥脆可口，这是海参品类的一大突破。

特点 海参入味皮脆。

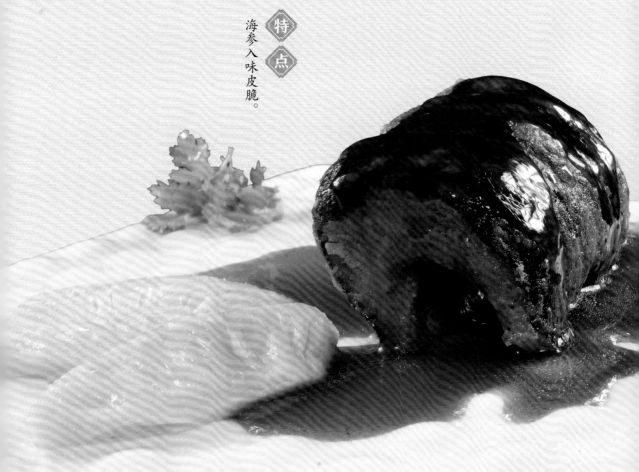

原材料

发好的猪婆海参1条（约1 000克）
光鸡半只（约600克）　猪脚半只（约400克）
赤肉250克　肉皮250克　元贝2粒　生姜4片
生蒜子2条　青葱8条　芫荽4株　红辣椒2个

调配料

味精3克　精盐8克　酱油15克
胡椒粉3克　白糖2克
白酒5克　麻油8克
生粉25克　生油2 500克

🍴 **制作步骤**

1. 将发好的猪婆海参用滚水飞过，滚水要加入姜葱酒，以便去掉腥味。光鸡、猪脚、赤肉、肉皮也同样飞水，以去掉杂味。

2. 烧鼎热油，油温140℃左右，把猪婆海参放入油中炸至外皮收皱为准，把鼎中油沥后洗干净鼎，再下一点油把生蒜子、姜片、辣椒粒、青葱、芫荽炒香，然后把海参、光鸡、赤肉、肉皮、元贝加进去爆炒，一边爆炒一边加入精盐、酱油、味精、胡椒粉、麻油、白糖、白酒，让它产生鼎气。再注入汤水，烧沸后转慢火，大约80分钟后，待猪婆海参入味后取出，汤汁留下。

3. 候凉后，猪婆海参依势而改刀，拍上生粉。再次烧鼎热油，油温至120℃左右时把海参入炸，达到脆皮的效果便好。装盘后配上原汁，可用花草点缀。

🍲 **技艺要领**

1. 猪婆海参在涨发的时候，注意把石灰质清洗干净。

2. 海参用热油炸一下，目的是收紧海参的外皮，在炖的时候能够入味。

松炸芙蓉虾

汕头是海边城市，海虾比较多，制作芙蓉虾的原材料最好是采用中只明虾，1斤约15只，个头不宜太大，炸后也比较美观。我一直记住潮菜名师罗荣元师傅说的话：炸玻璃酥肉的效果是脆脆的，炸芙蓉虾的效果是松香的。炸玻璃酥肉的浆糊是脆浆糊，而炸芙蓉虾挂的浆液是蛋液，落鼎炸后会出现芙蓉花状，故而才称芙蓉虾。

原材料

中只明虾300克（约12只）

生姜2片　青葱2条

鸡蛋4个　面粉200克

调配料

味精3克　精盐8克

胡椒粉2克　白糖2克

白酒5克　生油约2 000克

✖ 制作步骤

1. 把中只明虾去头、剥壳、留尾。用刀从虾背轻轻片开，不要切断，取出虾线，再用刀背轻轻把虾肉拍开一点。随后把生姜、青葱拍碎，调入味精、精盐、胡椒粉、白糖、白酒，腌制20分钟。

2. 先把虾逐只拍上面粉，取鸡蛋打成蛋液，让虾粘上部分蛋液，再拍上面粉，候用。

3. 烧鼎热油，油温至120℃时，把虾独只粘上蛋液入炸，炸至金黄色后捞起即可。

☕ 技艺要领

明虾挂上蛋液前必须拍上面粉，最好是二次挂上蛋液。

特

点

松香鲜口。

炸脆浆黄迹鱼

黄迹鱼，是潮汕人的叫法，也有叫黄只鱼的，因为"迹"与"只"在潮汕话中同音。每年3月至5月底为捕捞旺季，这时候整条鱼油脂绕身，非常肥美，满身尽是金黄色。被捕捞后，它身上的金黄色受到磨损，褪去色泽而生迹，因而被称为黄迹鱼。黄迹鱼刺多肉少，烹饪上较多地采用煎和炸。记得小的时候，母亲曾经用少许盐腌制黄迹鱼，逐条挂上面糊去炸，口感上非常不错。所以，挂浆炸黄迹鱼是儿时的味道，让人难以忘记。

特点 口感酥脆，鱼香味浓烈，是佐酒佳肴。

原材料
黄迹鱼300克　脆浆粉300克
鸡蛋1个

调配料
味精3克　精盐12克
生油约1 500克

✖ 制作步骤

1. 黄迹鱼用小刀刮去鱼鳞，洗净后沥干水分，然后用精盐和
味精腌制一下。用清水和开脆浆粉，加入鸡蛋和少许生油
后搅拌均匀。

2. 烧鼎热油，油温140℃左右，把黄迹鱼逐条粘上脆浆糊后
放入鼎中热炸，其间要注意翻转，使其受热均匀，达到双
面金黄色即好。

☕ 技艺要领

　　炸脆浆黄迹鱼也可以不刮去鱼鳞，因为黄迹鱼的鳞多有
脂肪，炸起来的脆浆含鱼油脂会更香。

麦香金沙芋砖

原材料
芋头600克　咸鸭蛋3个
金味麦片3小包

调配料
白糖50克
生油1 500克

🍴 制作步骤

1. 芋头刨去皮后，切成大约1厘米×3厘米×7厘米的对等小块，再用清水浸洗一下。

2. 咸鸭蛋蒸熟后，剥去蛋白，留下熟蛋黄，把它们碾碎剁细候用，同时把白糖碾粉。芋块在油温120℃左右时下鼎炸至干身捞起，待油温升高一些再复炸一次。

3. 将鼎中油去尽，把蛋黄放入鼎中炒至干身起香，然后把炸好的芋块汇入，一边翻炒一边撒入白糖粉和金味麦片，翻炒均匀即可。

🍲 技艺要领

1. 白糖一定要先碾成粉，要不然会有沙感。

2. 在鼎中汇炒时，适宜慢火，翻炒要均匀，让芋块被麦香和蛋黄围绕。

记得1983年广州大三元酒家一帮厨师来到汕头市鮀岛宾馆参观学习和交流厨艺，他们在出品上有一道奶香金沙芋，香气特别诱人。我是当年鮀岛宾馆中餐厅的厨师之一，有机会近距离地看他们烹制这道甜食。今天的麦香金沙芋砖便是当年奶香金沙芋的再版，麦香是取金味麦片的乳香味，金沙依然是按照当年的做法，咸蛋黄碾碎，经炒干后如同金沙一样。汕头市东海酒家的厨师巧妙地把芋头有机结合到麦乳香和金沙中去，除了再现了当年的经典之外，还将其提升到另外一个味道层次，与潮式反沙芋头可相媲美。

特点

香味浓郁，口感松粉。

炸佛手田鸡

我在鲹岛宾馆工作的时候，柯裕镇师傅经常会用青蛙去烹制一道潮州名菜，取名佛手田鸡（青蛙），我一直认为它是在佛手排骨的基础上衍生出来的。而佛手排骨的做法，我一直认为是受到红烧狮子头的影响，从馅肉料到手法都有着近似的地方，只是不理解它为什么叫作佛手而不叫狮子头。深究潮州菜肴的一些内在问题，不懂的还真多。

如今野生青蛙在南方已经很少见了，究其原因还是生态环境变差了，农田过度使用农药也是让这些动物减少的重要原因，因而潮州名菜炸佛手田鸡也很少见了。好在，随着养殖技术的进步，市场上已经有养殖青蛙出售，若想做此菜品，原材料已不是问题了。

特点 造型独特，形似神也似

原材料
养殖青蛙6只（约1 500克）
鸡蛋4个　菠萝半个
生姜25克　葱25克

调配料
味精3克　精盐5克　川椒末3克
胡椒粉2克　白酒5克　白糖100克
白醋25克　面粉100克　生油1 000克

🍴 制作步骤

1. 青蛙杀头、开膛、去皮，清洗干净，用刀切出2只后腿，然后把大腿中的骨头去掉，修为一头（把肉刮到剩余腿骨的一侧），留下的腿骨可作手柄之用。

2. 处理好的青蛙腿肉用生姜、葱、川椒末、精盐、味精、胡椒粉、白糖、白酒腌制20分钟。

3. 把菠萝削掉外皮和心骨，然后切成细粒，和糖醋（白糖加白醋调和而成）调成蘸碟。同时把腌好的青蛙腿逐只拍上面粉，取鸡蛋打成蛋液，一起候用。

4. 烧鼎热油，油温120℃左右时，把青蛙腿逐只粘上蛋液后放入鼎中，炸至金黄色后捞起，摆盘，配上菠萝蘸碟即可。

🍲 技艺要领

青蛙腿在用刀修成佛手形态的时候，作为手柄的一头必须连着肉。

糯米荷包翅

第一次看到糯米荷包鸡是在汕头市标准餐室，潮菜名师罗荣元师傅把荷包鸡的做法传授给我们。第一次把糯米饭装进鸡翅里是在鲍岛宾馆，名厨柯裕镇师傅将做馅料的八宝饭装进了脱去骨的鸡翅里面。之后在汕头市东海酒家的厨房里，我第一次把炒香了的鱼翅装进脱了骨的鸡翅里，由此多了一个品种。

今天把糯米荷包翅的做法详细写出来，目的是让追味者理解，烹制任何菜肴都有可能。

原材料

鸡翅12只　　生糯米200克　　鸡肝25克

肥瘦肉25克　鲜虾仁25克　湿香菇25克

干虾米25克　莲只25克　　栗子25克

生姜50克　　青葱50克　　芫荽25克

竹签20支左右

调配料

味精3克　　精盐8克

酱油5克　　白糖2克

胡椒粉2克　白酒25克

麻油2克　　脆浆粉300克

生油2 000克

✖ 制作步骤

1. 把生鸡翅洗干净，擦去水分，然后小心地把鸡翅前端的大骨取出，留下尾骨不取，可作手柄之用。随后取生姜、青葱、芫荽拍碎，加入少许精盐和白酒腌制20分钟以上。

2. 生糯米淘洗后放入蒸笼炊成糯米饭，再把鸡肝、肥瘦肉、鲜虾仁、湿香菇、干虾米、莲只、栗子切成细粒，放入鼎中翻炒，加入味精、精盐、酱油、白糖、胡椒粉、麻油炒匀成八宝饭馅料，加入麻油拌匀。

3. 把腌制好的鸡翅逐只装入八宝饭馅料，封口用竹签扎紧，随后放入蒸笼炊约15分钟后取出。脆浆粉加入清水和5克生油后调成脆浆糊。

4. 烧鼎热油，油温140℃左右时，把鸡翅逐只挂上脆浆糊后放入，炸至金黄色后捞起即可。

☵ 技艺要领

1. 取鸡翅骨一定要小心，以免伤到鸡翅的外皮。

2. 封口一定要封紧，要不然容易流出馅料，影响造型。

钟成泉经典潮菜技法

炊
（蒸）

炊草菇鸡球

　　这是一款被遗忘了的古早味，菜肴在制作上并不显得很经典，然而它却有一段流传久远的故事。古潮州府有一师爷，为了讨好官绅们，让他们在吃鸡时无须吐出鸡骨头来，吃相好看，便想方设法把鸡做得更好吃且无须吐骨。师爷和厨师通过共同商议研究，把鸡肉切成薄薄的指甲片，然后加入草菇、马蹄、火腿、芹菜等，利用干草菇的特殊香气和湿粉的黏合力，调制出一款不同味道的鸡球。后来的人认为此菜肴有改变吃相的效果，就将其命名为师爷鸡球。今天编写本书，为了让传统菜肴不流失，特意把它写出来，留住它。

嫩滑可口。 **特点**

原材料

干草菇50克　马蹄肉25克

芹菜25克　金华火腿25克

光鸡1只　红辣椒25克

上汤150克

调配料

酱油15克　味精3克

精盐5克　胡椒粉2克

白糖2克　麻油8克

湿淀粉25克

🍴 制作步骤

1. 干草菇浸泡后洗净，特别是草菇头的泥沙要清洗干净，洗净后注入上汤，放入蒸笼隔水醉20分钟后取出，与金华火腿、芹菜、马蹄肉和红辣椒均切丝备用。

2. 将光鸡洗净，擦干水分，鸡肉取出后用刀切成薄细片状，用少许酱油上色，用湿淀粉护身，再把火腿丝、草菇丝、芹菜丝、马蹄丝、红辣椒丝拌住鸡片，加入味精、精盐、胡椒粉、白糖、麻油拌匀，用手捏成球状。

3. 把做好的鸡球放在盘子上，入蒸笼炊8分钟后取出，泌出原汤勾芡，再淋在上面即好。

🍲 技艺要领

食材在做成球状的时候，注意粉的黏力。

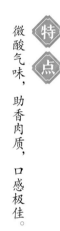

老菜脯炊肉饼

微酸气味，助香肉质，口感极佳。

老菜脯，潮汕特产，主要产地有惠来县、揭东区新亨镇、饶平县高堂镇。普通菜脯经过长期存放才可以酵化成老菜脯，它具有消除积食、和胃理气的功效。

近年来，老菜脯被推至前沿，作为活跃食材之一，出现在酒楼食肆。特别是老菜脯煮粥系列，诸如海鲜老菜脯粥、干贝老菜脯粥、鸡丝老菜脯粥、瘦肉老菜脯粥等。

事实上，以老菜脯作为主要食材的菜肴还有很多，如老菜脯蒸鱼、老菜脯炒鸡肉、酱香老菜脯等，而老菜脯炊肉饼只是其中之一。

原材料
肥瘦肉250克
老菜脯50克

调配料
味精3克　白糖2克
湿粉水25克　猪油25克

✄ **制作步骤**

1. 肥瘦肉用刀剁成肉碎，放入盛器内，老菜脯同时剁成细
   粒，漂洗去掉咸味，汇入猪肉碎中。
2. 在猪肉碎和老菜脯粒中调入味精、白糖，加入少许猪油
   和湿粉水，然后抓拌均匀，放入平盘后铺平，入蒸笼炊
   10分钟后取出即好。

☕ **技艺要领**

老菜脯剁碎后先洗掉一些咸味，这样才不会太咸。

潮式盖料炊蟹

特点 传统做法，多味兼容。

盖料炊，如今已是潮菜在烹调上的一种惯用做法。早年罗荣元师傅在评价张清泉师傅的盖料炊蟹的时候就说过，盖料炊蟹，目的是改变蟹单一的蒸煮做法，处理得当也能提升味道的多样性。

老前辈张清泉师傅是汕头市达濠人，达濠过去盛产海鲜。他老人家对烹调各类海鲜有着独到的见解，他认为单一地炊蟹有点枯燥乏味，必须下一点功夫改变。他早年在标准餐室是厨师中的一哥，做菜功夫首屈一指，盖料炊蟹便是他拿手的品种之一。虽然盖料炊蟹现已不多见了，但是能记住它，便是一种传承。

原材料

活冬蟹2只（约800克）

湿香菇2个　白肉50克

生姜25克　青葱2条

红辣椒1个

调配料

味精3克　酱油8克

胡椒粉3克　麻油8克

白糖2克　湿粉水25克

猪油25克

✖ 制作步骤

1. 冬蟹取出蟹盖，清掉蟹鳃，清洗干净，用刀将冬蟹的钳和爪剁出，蟹身顺刀切成6块，然后摆砌在圆盘上，注意摆放完整。

2. 把白肉、湿香菇、生姜、青葱、红辣椒切粒，随即调上味精、酱油、胡椒粉、麻油、白糖、猪油和湿粉水，搅拌均匀。

3. 把搅拌好的盖料用手均匀地抹在剁好的冬蟹上，放入蒸笼炊10分钟即好。

🍲 技艺要领

　　盖料调入味道后，盖在蟹的身上，必须马上入蒸笼炊，要不然会泻汁。

特(点)

鱼味甘嫩，贡菜香味突出。

贡菜盖料炊鲜鱼

炊鱼的方法有很多种，淋料炊和盖料炊在潮菜中都是典型的烹调手法，下面详细介绍一下。

淋料炊是指鲜鱼炊熟后，用芹菜段、姜丝和白肉丝炒熟，调上芡汁淋在鱼身上，或将姜葱丝覆盖在鱼身上，再淋上酱油和热油。

盖料炊主要是将准备加到鲜鱼身上的配料汇在一起，加入味料拌匀，盖在鱼身上，放入蒸笼炊，熟后无须加料便可直接上席。

什么是盖料炊？盖料炊有以下两方面的意思。

第一，盖料有覆盖之意，选择辅助食材加入调味料后盖在主食材上，让主食材直接入味，这就叫盖料炊。而辅助食材中又有多味可选择，除了贡菜之外，冬菜、酸梅、菜脯、豆豉、乌榄角都可以做盖料。

第二，在炊鱼中，选择盖料炊的目的是方便上菜和掩盖对烹调时间的把控不准。特别是大型宴会，在前期准备和出菜时间上难以把控，选择盖料炊是最合适的。还有食堂式的出品，选择盖料炊也比较合适，尤其是分位式的盖料炊，原因是食客有先来慢到的区别。

（注：贡菜是潮汕的一种杂咸。）

原材料

鲜鱼1 000克 贡菜25克
白肉25克 嫩姜1小块
湿香菇2个 红辣椒1个

调配料

味精3克 酱油5克 白糖2克
胡椒粉2克 麻油8克
湿粉水25克 猪油25克

✗ 制作步骤

1. 将鲜鱼开膛、去肠、去鳃，刮去鱼鳞，洗净，放在鱼盘上待用。
2. 贡菜洗净，同时把白肉、嫩姜、湿香菇、红辣椒均切成丝状，再调入酱油、味精、白糖、胡椒粉、麻油、湿粉水和猪油，搅拌均匀后盖在鲜鱼身上。
3. 将鱼放入蒸笼，用大火炊10分钟，熟透后取出即成。

✎ 技艺要领

1. 盖料一定要调到味道均匀，盖完料后马上入炊。
2. 池塘鱼和海鱼都可以，例如鲳鱼、马鲛、草鱼、乌鱼等。

蒜香日月贝

海中扇贝类有千万种，难以数得清。若论用在烹饪上，生活在汕头市的人更喜欢日月贝。日月贝的贝壳是一面白和一面红，据说它在白天的时候，红色的一面朝向太阳，在黑夜的时候，白色的一面朝向月亮，故此在民间才被称为日月贝。

日月贝的肉洁白如雪，肉质柔嫩、清鲜甘甜，在烹调上用清炒、煮汤、炊熟都是鲜甜无渣，口感极佳。

特 点

贝肉清鲜，嫩滑爽口。

原材料
日月贝6只（约1 500克）
干绿豆粉丝50克
蒜头100克　红辣椒1个

调配料
味精3克　鱼露8克　酱油5克
胡椒粉2克　麻油5克
湿粉水25克　猪油约100克

✖ 制作步骤

1. 将日月贝清洗干净，用小刀从中间轻轻切掉联系着两边的根蒂，让它们分开，取出贝肉部分，去掉肠肚，再把肉片一分为二，候用。

2. 把干绿豆粉丝用温水浸泡回软，候用。蒜头剁成微小粒，用猪油煸成微赤色，加入切成与蒜头粒一样大小的红辣椒粒，调入味精、胡椒粉、酱油、鱼露、麻油、湿粉水，形成盖料糊汁。

3. 把粉丝放在壳的底部，贝肉摆在粉丝上面，再覆盖上盖料糊汁，放入蒸笼炊8分钟即好。

🍲 技艺要领

炊日月贝的时间一定要把控好，要不然会老化，影响口感。

咸绿豆水晶球

特别介绍，采用冲制好的水晶粉皮，除了烹制咸绿豆水晶球之外，还可以制作乌豆沙水晶球、韭菜水晶球、芋泥水晶球、鲜虾芫荽水晶球等品种。

成型的水晶球从外观上看，貌似简单，其实整个制作过程并不简单。水晶球虽然是中式点心，但在潮菜中，它绝对占有很大的位置，每每完成一张菜单，都忘不了带上此类点心，故而我把它写入菜谱中来。

原材料

去皮绿豆200克　　湿香菇2个
肥瘦肉50克　　干虾米25克
葱15克　　生粉400克　　澄面100克

调配料

味精3克　　鱼露8克
胡椒粉3克
生油约100克

特点　馅料丰富，胡椒味道突出。

1. 去皮绿豆用清水浸泡30分钟后，捞出炊熟。湿香菇、肥瘦肉、干虾米和葱都切成细粒。

2. 烧鼎热油，把湿香菇、肥瘦肉、干虾米和葱炒熟，调入鱼露、味精后盛起。候凉后加入熟绿豆，同时撒上胡椒粉拌匀成馅料。

3. 把一部分生粉和澄面混合均匀后，用滚水冲后搅成熟粉浆，然后用剩余的生粉和上，搓成粉团。包咸绿豆水晶球时把粉团分成小团，放在掌心轻压平，用手抓绿豆馅往中间一放，手掌顺手抓紧外皮往上一束，即成圆状，然后放入蒸笼炊熟即好。

♨ 技艺要领

盘底要刷油，以免相互粘连。

钟成泉经典潮菜技法

焖・炖

蟹黄扒茶勾鱼翅

当今世上有一些国家提出了保护鲨鱼，避免鲨鱼绝种。然而，很多国家还是持观望态度，他们都认为大海洋中，鲨鱼的种类和产量都多，特别是南美洲的海域。因而鲨鱼及其鱼翅能否食用，一直是处于争议中。不管怎么说，中国法律目前还没有明确提出禁止，从烹调的角度出发，写上一些鱼翅烹饪做法还是允许的。

鱼翅算不算海八珍？我认为一定算，在海鲜中谁还能与之一比？然而做好一款鱼翅菜品，其难度不亚于厨房其他菜肴，这一点我是最有理解的。

鱼翅分为很多种，诸如天九、海虎、茶勾、青只、五羊、芽拣等。为什么要选择茶勾来烹制蟹黄扒鱼翅呢？我本人认为，茶勾的鱼翅针相对细而柔软，口感比较好，选择它来烹制蟹黄扒鱼翅是最佳的。

原材料

生茶勾鱼翅1块（约12厘米，约600克）
膏蟹2只（约1 200克）　老鸡约750克
猪骨600克　肉皮300克　瘦肉600克　生姜50克
青葱25克　蒜子25克　芫荽25克　火腿25克

调配料

味精3克　酱油2克　鱼露8克
花生酱8克　胡椒粉2克
麻油2克　猪油25克
湿粉水约25克　清水2 000克

✖ 制作步骤

1. 将生茶勾鱼翅浸泡、漂水、煮沸，其中浸泡是涨发过程，然后取出鱼翅针。把老鸡、猪骨、肉皮、瘦肉用滚水焯过后洗净候用。

2. 取砂锅一个，垫上竹箅，鱼翅针最好用食用纱布包住，然后放入锅内，同时把老鸡、猪骨、瘦肉、肉皮、火腿、生姜、青葱、芫荽一同放进去，注入清水和酱油，先旺火后慢火炖约6小时后取出，注意要以鱼翅针柔软为准。

3. 把膏蟹放入蒸笼炊熟，漂凉后取出蟹黄，然后用刀轻轻碾成烂泥。

4. 茶勾鱼翅针用原炖浓汤勾芡，放入半浅盘中间，同时把碾好的蟹黄加入花生酱，调入味精、鱼露、胡椒粉、麻油、猪油、湿粉水后勾芡，随之盖在鱼翅针的上面即好。

🍲 技艺要领

1. 炖鱼翅针的时候，鱼翅针一定要用纱布包住，要不然会散落和粘锅。

2. 鱼翅针勾芡的时候一定要稠，这样才不会过快坠脚。

特 点

蟹黄甘香，鱼翅柔滑。

红炖鲨鱼皮

口感软糯，汤汁浓郁。

记得当年潮菜名师柯裕镇师傅在做红炖龟裙的时候说过，红炖龟裙和红炖鲨鱼皮同属潮菜古早味，想做好它并不简单。

如今龟裙已不见踪影，可能是受禁食影响，而鲨鱼皮在目前的市面上还有售，想做好红炖鲨鱼皮，必须掌握以下两点。

第一，鲨鱼皮一定要通过涨发法让它恢复原来的体积，然后还要勤换水以去掉腥味。

第二，炖的时候要注意勿粘锅，由于鲨鱼皮和盖料都比较有黏性，容易粘锅。

064

原材料

干鲨鱼皮500克　猪脚500克

老鸡约750克　肉皮500克　赤肉500克

湿香菇100克　生姜50克　青葱50克

生蒜子250克　芫荽50克　红辣椒2个

调配料

味精5克　酱油15克

鱼露25克　胡椒粉3克

麻油3克　清水3 000克

湿粉水25克　生油25克

✗ 制作步骤

1. 干鲨鱼皮通过浸—泡—煮—浸—泡的处理，让鱼皮恢复原来的状态，特别要处理掉它的细沙等杂质，然后通过刀工修改成条状。

2. 把猪脚、老鸡和肉料（肉皮、赤肉）清洗干净后用滚水焯洗一下。

3. 取大砂锅一个，底部垫上竹箅，然后把鲨鱼皮放进去，把猪脚、老鸡等肉盖在上面，加入生姜、青葱、生蒜子、芫荽和红辣椒，注入清水和酱油，然后放到炉上，先旺火后慢火，炖4～6小时，取出后去掉盖料。

4. 把湿香菇切成薄条，把生蒜子斜切成薄片，然后分别用油煎香，加入炖好的鲨鱼皮中，调入味精、鱼露、麻油、胡椒粉，适当勾一点湿粉水即好。

🍲 技艺要领

1. 注意清洗干净鲨鱼皮表面的细沙。

2. 注意红炖的时候不能粘锅。

鸡蓉焖海参

潮菜名师柯裕镇师傅制作鸡蓉海参的时候，选用的海参基本上都是乌石参、猪婆参之类，形态上稍微差些。如今大量刺参条出现在餐桌上，虽然加工过程比较烦琐，但从整体上更有可比性。此菜一般家庭主妇难以复制，也正因为如此，才能体现出厨师的价值。

按照我个人的爱好，烹制鸡蓉海参最好选择日本关东刺参，以1斤50条为标准。其中参刺比较尖突、每条有6排刺尖为最好。其次为日本关西刺参，我国的大连刺参也不错，其他地方的刺参视质地而论，南美、俄罗斯、马尔代夫的刺参也有杰出表现。

特点 黑白分明，口感丰富。

原材料

发好刺参8条（每条约150克）
赤肉杂骨500克　鸡胸肉300克
上汤400克　生姜2片　青葱2条
蒜子2条　辣椒2个　芫荽少许

调配料

味精3克　酱油8克　白糖2克
胡椒粉3克　麻油8克　白酒5克
湿粉水50克　鸡油15克
生油约2 000克

✖ 制作步骤

1. 将发好的海参在加入生姜、青葱、白酒的滚水中飞水，捞起后用生油热炸一下，然后和生姜、青葱、蒜子、辣椒、芫荽炒热，调入酱油、白糖、胡椒粉、麻油，加入赤肉杂骨，注入部分上汤焖至入味。
2. 鸡胸肉去掉外皮和筋，用刀剁成泥蓉，调入湿粉水、鸡油、味精，然后用上汤调成鸡蓉泥。
3. 把焖好的海参摆盘，将鸡蓉泥淋在海参上面即可。

🍲 技艺要领

1. 制作鸡蓉时，要在木砧板上放一张生猪肉皮，同时把猪肉皮上的肥肉刮干净，剁的时候要轻手，主要目的是避免木屑杂味混入鸡蓉里面而产生异味。
2. 鸡蓉淋到刺参上面，要注意芡汁是否稠密，以免泻糊。

红焖大鲈鳗

酒楼里的焖菜与家庭里的焖菜肯定有不一样的做法，且有较大差别。家庭做法通常是把物料和调料汇齐后一起焖至熟而已，并无太多讲究。而酒楼则不同，为了追求一些仪式，在摆砌上便有了讲究，特别是一些菜肴在品相上，摆砌整齐尤其重要。红焖大鲈鳗在酒楼焖菜的做法上，除了加料入味，更重要的是有翻转倒扣的步骤，区别便在于此。

鲈鳗，学名花鳗鲡，属淡水鱼类，很多地方的江河水库都有，比较贵重，烹饪上各地方有不一样的调味方式。我曾经听说，过去香港的一些酒楼，如果能购进一条大鲈鳗，他们会提前贴出告示，让熟悉的客人前来认领鲈鳗的各个部位，比如头部、中段、尾部，甚至连斤两都会说清楚。据说鲈鳗头最值钱，拿去炖天麻之类，作为药膳最受欢迎。如今，野生鲈鳗受政策保护，已经不能食用，酒楼食肆的鲈鳗都是养殖的。

原材料
大鲈鳗肉1段（约800克）
肚肉100克　赤肉500克　湿香菇6个
蒜头100克　青蒜子2条　姜2片
红辣椒2个　芫荽2株　汤250克

调配料
酱油25克　味精3克
白糖5克　白酒5克
麻油5克　干薯粉50克
生油约2 000克

✖ 制作步骤

1. 将大鲈鳗肉切成3～4段，用酱油薄薄上色，撒上干薯粉护住鲈鳗肉。把肚肉切成粒状，蒜头修去蒂头，红辣椒改节。

2. 烧鼎热油，先把蒜头在油温100℃左右炸至金黄色，捞起备用。在油温升至140℃左右时，把鲈鳗肉落鼎炸至肉身收缩并且着色，捞起。

3. 把鼎中剩油沥干，放入肚肉、湿香菇、青蒜子、姜片、芫荽、红辣椒炒香。调入麻油、味精、白糖、白酒，把鲈鳗肉汇入后注入汤水，把赤肉盖在上面。旺火烧沸，慢火收汁，大约20分钟，把青蒜子、芫荽去掉。

4. 取一碗公（大碗），把焖好的鲈鳗肉放在碗底，然后把其他料砌上，加入炸好的蒜头，原汁注入后放入蒸笼炊20分钟。上席时碗公翻转，把鱼扣在深盘上，原汁淋上即好。

☖ 技艺要领

炸鲈鳗肉时，一定要炸至肉身收紧，这样才能吸收肉汁。

特点 浓香入味，皮韧肉甘。

生焖脚鱼煲

煲气饱满，独具田园风味。

20世纪80年代，中国田径队在世界田径比赛的长跑项目中屡获佳绩，这归功于选手们的体能。传闻选手们体能上能提高是教练选用鳖作为营养食物，让选手们的身体条件达到最佳状态，跑出最快速度。此后很多人对鳖有了新的认识，纷纷选择鳖作为营养食物，由此影响了很长一段时间。

鳖在潮汕被称为脚鱼，应属于田园风味。由于受到当年鳖的功能的影响，野生脚鱼在一段时间内已几乎绝迹，一只难求。如今，市面上的脚鱼都是养殖的，虽然质量上尚有一些欠缺，却解决了野生脚鱼因过度掠夺而几乎绝迹的问题，让脚鱼的美味得以延续。脚鱼在潮菜中的做法，有清炖脚鱼、脚鱼炖薏米和红焖脚鱼，营养非常丰富，具有一定的去湿功效，很受欢迎。今天所写的生焖脚鱼煲，主要是针对养殖脚鱼存在着快熟的缺点，因而采取生焖比较合适。

原材料

活脚鱼（养殖）1只（约1 200克）

肚肉250克　湿香菇6个

青蒜子100克　生姜25克

红辣椒25克　芜荽头25克　汤500克

调配料

味精3克　胡椒粉2克

酱油15克　白糖2克

白酒5克　麻油8克

湿粉水25克　生油约250克

✖ **制作步骤**

1. 活脚鱼杀血后用滚水焯一下，先清去外膜，用刀从腹下开腔，把里面的肠肚去掉，再清洗干净，然后用刀剁成块状，再焯洗掉血水候用。把肚肉切成细条状，湿香菇改块，青蒜子切段，生姜切片，一起候用。

2. 取砂锅一个，烧热，加入少许生油，把肚肉放入锅内煎一下，随即加入湿香菇、姜片、青蒜子、红辣椒炒香，然后加入脚鱼热炒，一边炒一边加入味精、胡椒粉、白糖、白酒、酱油、麻油。香气飘出后注入汤水，加入芜荽头焖20分钟后，用湿粉水勾芡即好。

🍲 **技艺要领**

1. 脚鱼杀血和不杀血有不同的色泽效果。

2. 养殖的脚鱼容易熟烂，焖的时间不宜过长。

浓香滑嘴。

芝麻酱焖鱼鳔

　　汕头人把一部分鱼胶称为鱼鳔，可能和其他地方的叫法不同，其他地方的人或许称为鱼肚。汕头人认为鳔就是鳔，肚便是肚，不可混淆，细心分析一下，觉得称鱼鳔还是比较合理的。鱼肚应该是装着食物，负责营养和体能供给，鱼鳔则是一种体内平衡器官，与鱼肚不同。

　　论做菜，鱼胶在广府菜中称花胶或者公母肚比较多。在潮菜中除了有一部分被称为鱼胶之外，另一小部分称鱼鳔，如金龙鱼鳔、鳗鱼鳔等。潮菜中的鱼胶、鱼鳔有鲜货和干货两款。做法上鲜货鱼胶、鱼鳔无须涨发，只需注意去掉血筋和腥味便好。干货则需要涨发的过程，其中有水发、冰发、油发等方法。水发、冰发主要是让胶体恢复到原来的状态，达到可烹饪的程度。油发则不同，通过油温，它会让鱼鳔在涨发后达到原来2倍以上的体积。芝麻酱焖鱼鳔、酿百花鱼鳔便是油发的两种。

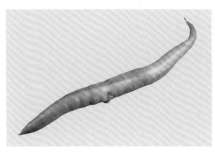
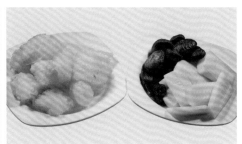

原材料
干麻鱼鳔2条（约150克）
黄瓜2条（约400克）
干虾米25克　湿香菇8个
赤肉400克　上汤500克

调配料
芝麻酱25克　味精3克
鱼露8克　酱油5克
胡椒粉2克　湿粉水25克
生油1 500克

✖ 制作步骤

1. 将干麻鱼鳔切细段后用油涨发，过程是先慢火，让油温从100℃慢慢自然升高，在鱼鳔膨胀过程中喷上一点清水，让油产生热气，促进鱼鳔最大限度地膨胀。然后把油发好的鱼鳔用温水煮去油味和软化。

2. 黄瓜刨皮去瓤后切成段，然后用滚水焯熟，漂凉备用。

3. 烧鼎热油，将湿香菇和干虾米炒香，加入发好的鱼鳔，注入上汤后盖上赤肉，焖30分钟。

4. 把赤肉去掉，加入黄瓜，调入芝麻酱、味精、鱼露、酱油和胡椒粉，焖10分钟后用湿粉水勾芡，上盘时可摆砌整齐。上席时可配上浙醋。

🍲 技艺要领

油发鱼鳔一定要发至膨胀透彻，要不然会回软，达不到做菜要求。

焖猪脚鲍鱼

鲍鱼是目前使用最广泛的餐饮食材之一，一直是在高值位置，产量比较多的是南非和澳大利亚，日本和我国沿海的大连、青岛也有，这些地方包含野生和养殖两种，品种多样，产量多。

烹制好一只鲍鱼，需要用心的地方太多了，要不然为什么价差会那么大呢？焖猪脚鲍鱼这道菜肴，采用的是我国近海养殖的活鲍鱼，个头最好是1斤3头，主要是它的胶原蛋白能达到要求，体形上也比较好看。

选用猪脚和鲍鱼共同入菜，主要是想让鲍鱼这种海鲜能够吸入更多的肉味，在烹制的时候一定要掌握猪脚和鲍鱼谁先达到火候要求。只要用心去烹制，绝对是一味高档的菜肴。

原材料
活鲍鱼8只（每只175克）
猪前脚1只（约400克）
赤肉500克　肉皮500　湿香菇8个
笋花8个　青蒜子2条　生姜2块
红辣椒2个　汤1 000克

调配料
味精3克　酱油25克
胡椒粉3克　白酒5克
蚝油15克　麻油8克
白糖3克　湿芡粉25克
生油约1 500克

✖ 制作步骤

1. 用刷子将鲍鱼清洗干净后去壳，猪前脚对开后横剁三刀，勿断，焯一下后上色，再用油炸至金黄色后捞起。同时把湿香菇和笋花用油炒香，候用。

2. 烧鼎热油，把青蒜子、生姜块、红辣椒放入鼎中炒香，随即加入鲍鱼和调入白酒、酱油、蚝油、白糖、麻油、味精、胡椒粉炒至入色，注入汤水，再把猪前脚、赤肉、肉皮一同放入鼎中焖，大约需40分钟。

3. 取大砂锅，竹篾垫底，把猪前脚放入砂锅中间，鲍鱼依次分放两边，再把笋花和香菇分放两边的间缝上，湿芡粉用原汁勾芡，淋在猪脚、鲍鱼上，放入炉中烧沸即好。

　　猪脚和鲍鱼一定要注意火候，先熟的食材要提前出锅，最后再汇入。

特点

浓香入味，鲍鱼鲜美。

焖沙茶牛腩土豆

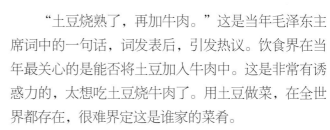

"土豆烧熟了，再加牛肉。"这是当年毛泽东主席词中的一句话，词发表后，引发热议。饮食界在当年最关心的是能否将土豆加入牛肉中。这是非常有诱惑力的，太想吃土豆烧牛肉了。用土豆做菜，在全世界都存在，很难界定这是谁家的菜肴。

我在汕头市原大华饭店工作的时候，刚好有牛腩、牛杂卖，我们受到词的启发，经常焖土豆牛腩，加入汕头牌沙茶酱，竟然有意想不到的味道。

如今，焖土豆牛腩，味道变化多样，有调入咖喱粉的，有调入辣椒酱的，有调入沙茶酱的，等等。辅料上，也有加入洋葱、青椒、番茄等。焖土豆牛腩，虽然普通，做得好也不失为一味好菜肴。

原材料
牛坑腩肉2 000克　土豆400克
生姜25克　蒜子50克　南姜25克
辣椒2个　八角10克　花椒10克
桂皮10克　陈皮15克

调配料
沙茶酱50克　味精3克
酱油15克　白糖5克
麻油5克　湿粉水15克
生油约1 500克

✖ 制作步骤

1. 先将牛坑腩肉洗净并切成块状，用滚水焯过，然后取锅一个，放上牛坑脯肉，再加入生姜、蒜子、南姜块、辣椒、八角、花椒、桂皮、陈皮，注入清水，调入酱油，放入炉中慢炖至软韧（时间大约40分钟）。
2. 土豆刨去外皮并洗净，切成棱块状，然后用约120℃热油炸成金黄色，捞起候用。
3. 热鼎后注入少许油，把沙茶酱煎香，然后把炖好的牛坑腩肉和炸好的土豆块一起汇集，调入味精、白糖、酱油、麻油让其焖至入味，再用少许湿粉水勾芡即成。

🍲 技艺要领

土豆一定要炸过。

焖五香鸭芋头

五香鸭是一味老菜，很难说出它在什么年代出现，只记得我们早年在汕头市标准餐室工作的时候经常做，这道菜肴具有一定的年代感，如今有被淘汰的可能。

烹制一味好的五香鸭，一定要选择池塘边的游水土鸭，其个头才不会太大。同时在投料的时候一定要有足够的料头，而且要突出五香的味道。和五香鸭搭配的辅助食材中，除了香芋之外，唐生菜也是不错的选择。

原材料

土光鸭1只（约750克）　猪杂骨500克

芋头400克　生姜50克　大蒜50克　辣椒15克

芫荽15克　二汤2 000克　川椒25克

八角25克　桂皮15克　香叶15克　五香粉15克

调配料

味精3克　酱油50克

麻油5克　白糖3克

白酒5克　干薯粉50克

湿粉水25克　生油约2 000克

✖ 制作步骤

1. 光鸭清洗干净，用酱油和干薯粉调成酱色，涂在鸭身上，让其入色。芋头刨去外皮，切成块状，同时把川椒、八角、桂皮等包成一个药材包一同候用。

2. 烧鼎热油，油温至120℃时把芋块炸至赤色后捞起。让油温升高至140℃，把上好色的鸭放入鼎中热炸，至整只鸭赤色后捞起。

3. 取砂锅一个，垫上竹篾，放上炸好的鸭，加入药材包和生姜、大蒜等其他辅料，注入汤水，放入猪杂骨，同时把味精、酱油、麻油、白糖、白酒加入湿粉水中，拌匀后倒入砂锅中。旺火烧沸后慢火温炖大约40分钟。

4. 将炸好的芋块放入砂锅内，然后把鸭捞起斩块，放在芋块上面，注入五香鸭的原汁，放在炉上煲5分钟即好。

☕ 技艺要领

1. 鸭在上色前，用刀在背上破口，油温才会穿入鸭腔内。

2. 鸭的眼睛一定要先用刀划破，以免热炸的时候溅出油。

焖三仙鸽蛋

"坛启荤香飘四邻，佛闻弃禅跳墙来"说的是一道远古的菜肴——佛跳墙。福建名菜佛跳墙取材丰富，且高、中、低档并存，同时它兼容着清炖和浓香二者。但因为佛跳墙的下料太复杂，所以在过往的年代，它很少出现在潮菜中。

焖三仙鸽蛋是一道远古的潮菜名肴，它的下料相对简单一些，选择食材相对有针对性，烹制上和佛跳墙接近。

潮菜名师蔡和若师傅曾经说过，焖三仙鸽蛋是借用制作佛跳墙的原理来进行选材烹制的，不同的是前者挑选食材更简洁，可选择的食材更多，它同样有高、中、低的不同档次。

原材料

泡发好的刺参8条（每条约150克）
生鹅掌8只（1 200克）　鸽蛋8个
湿香菇4个　瘦肉500克　肉皮500克
上汤1 000克　姜2片　青葱2条

调配料

味精3克　酱油25克　酒5克
生粉50克　胡椒粉3克
麻油5克　生油约1 500克

✂ 制作步骤

1. 泡发好的刺参用姜、青葱、酒焯水沥干；生鹅掌放入水中用中火煮开，直至可以脱去全骨；鸽蛋用清水煮熟后去壳待用。

2. 用酱油与生粉调匀，分别将脱骨鹅掌和鸽蛋上色后，在油温120℃左右时炸至呈浅褐红色。

3. 将鹅掌、刺参、盖肉料（瘦肉、肉皮）和上汤一起焖至柔软。

4. 依次将鹅掌、刺参、鸽蛋、香菇摆入大碗内，盖肉料，加入汤汁，放入蒸笼炊15分钟后取出，反扣在盘里。将原汁倒入锅中，加入味精、胡椒粉、麻油调味后勾芡，淋在鹅掌、刺参上即成。

任何加入焖三仙菜肴里面的食材，一定要各自烹制入味，然后才能汇总。

特点

软烂胶糯，鲜香美味。

三味鲜笋鸭

特点 汤汁宽紧适宜，味道辣、咸、甜交汇在一起。

"够咸、够甜、够辣，这才是炆鲜笋鸭的真正味道。"这是潮菜名师罗荣元师傅在烹制这道菜肴时特别强调的。他说这道菜肴看似简单，但是要让味道贯穿整道菜之中就不是那么简单了。够咸、够甜、够辣的味道同时出现在一道菜肴中，这是需要胆量和勇气的。

每年吃竹笋的季节一到，烹制鲜笋在潮汕各地比比皆是，有熬煮汤类，有炒成丝、片类，有做成饺、粿类，味道各不相同。因此我也就绝对相信罗荣元师傅提出的够咸、够甜、够辣的味道结构，能在炆鲜笋鸭中完美体现。

原材料
光鸭肉600克
鲜竹笋1根（约2 500克）
蒜头50克　生姜50克
上汤500克

调配料
酱油50克　辣椒酱50克
味精3克　精盐15克
白糖50克　白酒5克
麻油5克　生油约250克

✖ 制作步骤

1. 将光鸭肉洗净，剁成小块。将鲜笋削去外壳，剁掉硬头，改成小块。蒜头剥去外衣后剁成细粒，生姜切细粒。

2. 烧鼎热油，爆香蒜头，再加入姜米和辣椒酱一起爆香，然后加入鸭肉炒香，边炒边加入酱油、麻油、味精、精盐、白糖、白酒，炒至香气溢出。

3. 把笋块加入鸭肉中一起翻炒，让鼎气穿透鸭肉与笋块，然后加入上汤煮沸，转慢火炆至入味熟透即可。

♨ 技艺要领

1. 鸭肉在爆炒之前要先飞水，去掉腥味。

2. 鲜笋用冷清水煮一下，去掉涩汁。

雪耳荷包鸡

特点

汤清甘醇。

1980年，汕头市饮食服务公司恢复厨师考级制，厨师在考级中有一个指定实操的品种叫雪耳荷包鸡，要求参加考试的人员按照规定完成此品种。

论品位，此菜肴的食材非常普通，但在考级上更多地还要考厨师的刀工，特别是在处理脱骨这一环节上能否达到刀工的技术要求，要看整只鸡在脱骨的时候是否破损。

进入20世纪90年代初，港式潮菜大举进入内地城市，香港金岛燕窝潮州酒楼的一款鸽子吞燕突破了传统潮菜雪耳荷包鸡的出品水准，坊间纷纷效仿，一度惊动了粤、港等地的潮菜人。

以上都是过去的故事了，今天重提雪耳荷包鸡和它的操作过程，目的是证明普通菜肴在潮菜中还是大有食用价值和应用价值的，雪耳荷包鸡正是该价值的体现。

原材料

光鸡（不开膛）1只（约750克）

雪耳25克　赤肉500克　杂骨500克

生姜2片　青葱2条　清上汤500克

调配料

味精3克

精盐12克

胡椒粉2克

✖ 制作步骤

1. 将光鸡从颈部开始往下脱骨，把体内的骨头去掉，保持全鸡成为荷包载体。

2. 雪耳用冷水浸泡开后，清洗干净，撕成碎状，用清上汤醉一下后捞起沥干，用精盐和味精搅拌均匀，然后装进脱了骨的鸡腹腔内，不宜过饱，再用竹签把创口夹紧。

3. 煮沸水，把装好的荷包鸡焯水，同时清洗鸡皮的膜衣和细毛。放入炖盅内，同时把赤肉、杂骨焯水洗净，盖在荷包鸡上面，加入生姜、青葱，把清上汤煮好后注入炖盅内，盖上盖子，封紧丝纸，放入蒸笼隔水炖40分钟，上菜时加入胡椒粉。

☕ 技艺要领

　　脱全鸡至背部的时候，要特别小心，因为此处皮与骨贴紧，容易破损。

老鸡炖响螺

老鸡炖响螺，响螺和其他肉类经过结合，用慢火的手段炖制，那种浓郁韧滑的口感，任何其他海螺的做法都无法与之媲美。

潮菜名师李树龙师傅是汕头市第一位获得特级厨师称号的人，他和潮菜名师朱彪初师傅同属一辈人，厨艺不相上下。他早年用此种办法，把一只响螺做得有声有色，因而在汕头市的饮食江湖上被称为"炖钵"。"炖钵"虽然是他的花名，但更多的是对他出品的一种认可。李树龙师傅说过，任何海螺都可以用此方法去烹制，其中响螺则是最佳选择。

响螺，在今天潮菜盛行的背景下，绝对是一款经典名菜，虽然已经有了炭烧响螺、鼎烧响螺、厚剪响螺、薄剪响螺等，多一味潮菜名师李树龙师傅的老鸡炖响螺又何妨。

原材料

大响螺1 500克　老鸡1只（约600克）
猪脚半只（约600克）　赤肉500克
肉皮250克　生蒜子25克　芫荽少许
姜25克　生辣椒1个　上汤250克

调配料

味精3克
精盐12克
胡椒粉3克

✖ 制作步骤

1. 将响螺击破，取出螺肉，清洗干净，放入砂锅内，注入上汤和清水，汤水以盖过主料为宜（砂锅要大一点，垫上竹篾）。

2. 老鸡、猪脚用滚水飞水，洗净后盖在响螺上面，加上姜一块，以及生蒜子、生辣椒、芫荽一起用猛火烧开后转慢火炖1小时，把响螺上面的盖料取掉。

3. 继续把赤肉、肉皮等料覆盖上，慢火炖50分钟，把响螺肉取出，用刀改片，然后调入味精、精盐、胡椒粉，则可成为一锅浓香入味的响螺汤。吃的时候，可以加入瓜类或菌类。

技艺要领

熬炖响螺时一定要先旺火后转慢火，这样原汤才不会流失。

特点

汤汁醇厚浓香，鲜味特别突出。

炖牛奶鸡球

1974年秋，汕头市侨办原主任林谷先生在一次家庭生日酒席上品尝到我烹制的炖牛奶鸡球，大加赞赏。酒席散后，他特地到厨房告诉我此道菜肴很好吃，我由此认识了林谷先生。

一道炖牛奶鸡球竟然让林谷先生动容，皆因林谷先生早年侨居国外，对西方菜肴有所了解。他告诉我，这是一道套用了西厨烹调法的潮菜。我带着惊讶的心情咨询潮菜名师罗荣元师傅，得到了肯定。

罗荣元师傅告诉我，菜肴的烹制和形成是无疆界、无区域的。相互渗透，相互借鉴，洋为中用比比皆是。潮菜中出现的生菜龙虾、白汁鲳鱼等都是西餐出品后经中餐厨师的改良而成为潮菜的典范。炖牛奶鸡球结合了中西烹饪手法，将鲜牛奶与鸡肉巧妙结合，乳白色中带着点点黄澄澄的鸡油花，让人食欲倍增。

原材料

光鸡1只（500克）
鲜牛奶500毫升

调配料

味精3克　精盐12克
粉水25克　生油约1 500克

✗ 制作步骤

1. 将光鸡洗净，擦干水分，用刀取出两片鸡肉，把肉修平，再用直刀轻放花纹后改成方块待用。

2. 将鲜牛奶煮沸，倒入炖盅内。将鸡肉用薄粉水拌匀，在油温80℃左右时过油，然后用清水洗去油污，再放入炖盅内，加入味精和精盐，调和味道。

3. 盖上炖盅的盖子，再用丝纸沾湿后覆盖在盖子上，然后放入蒸笼隔水炖30分钟即成。

技艺要领

鸡肉一定要用湿粉水搅拌均
匀，然后熘一下软油，漂洗，放入
鲜牛奶才不会产生太多的油渍。

特点

肉质鲜嫩，奶香浓郁。

红枣炖花胶

目前在市面上流行的花胶有许多品种，有赤嘴（鳖鱼）公肚、蜘蛛公肚、金兰公肚、湛江公肚等。这些花胶含有胶原蛋白及多种维生素，是人体的最佳补品。做法上有冰发、水发和油发等方法。菜肴品种有鲍汁扒花胶、婆参扣花胶、鸡汤炖花胶等。今天介绍一味家庭式炖法的花胶品种——红枣炖花胶，它是潮汕家庭式补品，也属潮味甜菜品之一。其做法非常简单，无须涨发，只需把赤嘴公肚用药材刀切割成细片，然后配上红枣和冰糖去炖即可，既有益气补中的效果，又能品尝甜食的佳味。

原材料
赤嘴公肚300克
红枣12颗　生姜2片

调配料
冰糖150克
清水2 000克

✖ 制作步骤

1. 赤嘴公肚用刀切成细条状（最好是用药材店的切刀改
切），洗净，放入自动电炖锅内，注入清水，加入姜片，
启动炖制模式。
2. 大约2小时后，加入冰糖和红枣，再炖2小时即好。

⛲ 技艺要领

　　花胶一定要切成细条（片），
同时要记得放入姜片，这样才能达
到去掉腥味的效果。

西洋参炖乌耳鳗鱼

我在1984年被派到香港考察饮食，当时一位香港客人请我去新景粤菜酒楼吃饭，这家酒楼用西洋参须炖石斑鱼，感觉味道不错。从香港回来后，我一直调试着各种做法，用多种鱼和西洋参作调试，最终觉得还是乌耳鳗鱼最适合西洋参的融入，于是此道菜肴一直被保留。

目前市面上的乌耳鳗鱼，基本上都是人工养殖的，方便购买，只是在烹调上要特别注意时间。要掌握好火候，时间过久，乌耳鳗鱼容易烂，口感上会差一些。

（注：乌耳鳗鱼是潮汕人的叫法，也有叫白鳝的，学名是乌耳鳗鲡。）

特点

汤清甘醇。

原材料
乌耳鳗鱼1条（约800克）　西洋参25克
赤肉250克　清上汤500克

调配料
味精3克
精盐12克

✖ 制作步骤

1. 把乌耳鳗鱼开膛，取出内脏，用滚水清洗外衣的黏液，用刀在背面按每3厘米为切口，不要切断，再用滚水焯掉血水，洗净，卷成圈后放入炖盅内。

2. 赤肉片开后也焯一下水，然后盖在乌耳鳗鱼上面。西洋参切片或砸碎都可，用温水先浸泡一下，在乌耳鳗鱼处理好后，再加入炖盅中。同时注入清上汤，加入部分清水，以炖盅的容量适中即好。

3. 加入味精、精盐，把处理好的乌耳鳗鱼用食品纸封好，放入蒸笼隔水炖40～60分钟即好。

☁ 技艺要领

西洋参能去腥味，切记不要加入姜片。

钟成泉经典潮菜技法

煸 · 焗

梅只红枣焗鹅掌

特点
梅只酸甜浓烈，
鹅掌胶质醇厚。

潮菜名师柯裕镇师傅特别喜欢烹制梅只红枣焗鹅掌这一味菜肴，他认为焗的做法能让菜肴更入味，特别是在火候的把控下，慢慢煨炖能让汤汁浸入菜肴中去，而且要一步到位，这样才能体现出菜品烹饪上的真功夫。

焗鹅掌是传统潮菜品种，它突破了卤鹅的单一做法，其烹饪意义重大。特别是它选用果酸和果甜结合到肉质上，缓解了吃多会产生腻口的感觉，可见前辈们的用心。

生鹅掌市面上容易得到，梅只是水果青梅腌制的，市面上也有售。

原材料

鹅掌（脚）6只（约200克）

酸梅只6颗　红枣12颗

梅膏酱100克　姜2片　葱2条

调配料

白糖50克　酱油25克

干薯粉100克　湿淀粉15克

生油约2 000克

✄ 制作步骤

1. 将鹅掌用刷子清洗干净，顺着鹅掌的关节将其剁成小节，用滚水烫一下，使外皮收紧而容易着色。把酱油和干薯粉混合为色浆，将鹅掌上色，然后在油温120℃左右时把鹅掌炸一下，让其轻微收缩后着色。

2. 取砂锅一个，用竹箅垫底，然后把鹅掌摆砌入锅，加入姜片、葱条、酸梅只，注入清水，烧沸后煮20分钟，再加入梅膏酱、白糖、红枣、湿淀粉，调至适口味道后转慢火，让它慢慢收紧汤汁至黏稠之感觉，这便是焗的过程。

♨ 技艺要领

1. 鹅掌一定要用刷子把掌下面洗刷干净，以免产生垢味。

2. 焗鹅掌的砂锅下面一定要有竹箅垫底，以免粘锅焦糊。

豆酱焗鸡

在著名小说《林海雪原》中，有过这样的描述：解放军侦察英雄杨子荣和他的战友们，为了捣毁威虎山，擒匪首"座山雕"，特地利用匪首"座山雕"生日来庆祝，大摆百鸡宴，醉倒一众匪徒，大获全胜。

故事如果是真的，百鸡宴应该也是真的。鸡在烹制中有百变之味，我们在学厨时，潮菜名师罗荣元师傅曾这么说过。虽然东、西、南、北各地方在烹制鸡上不尽相同，但单烹鸡菜名就不计其数。诸如白切鸡、手撕沙姜鸡、东江盐焗鸡、广州太阳鸡、顺德桶仔鸡、苏州叫花鸡、重庆辣子鸡、海南椰子鸡、扬州炸子鸡、贵州茅台鸡、金华玉树鸡、糯米酥鸡、脆皮炸鸡等。在潮菜中，我们记住的是一只好吃的普宁豆酱焗鸡。

很多时候我在想，鸡是属于全世界的，而豆酱却是家乡普宁独有，为什么会将两者联系在一起呢？难解也。纪录片《风味原产地》在寻找豆酱的最佳搭配时，偏偏选上了家乡普宁的豆酱焗鸡，让人兴奋与激动，因而也让人记住了家乡的豆酱焗鸡。

特点 豆酱香突出。

原材料

光鸡1只（约750克）
白肉150克　姜2片
葱2条　芫荽2株
二汤50克

调配料

普宁豆酱50克　芝麻酱15克
味精3克　酱油8克　胡椒粉3克
芝麻油8克　白糖2克　白酒5克
盐3克

✖ 制作步骤

1. 光鸡内外洗净，修去脚爪、头部、尾蒂，擦干水分，用姜、葱、盐、白酒腌制。

2. 将普宁豆酱碾成泥后加入芝麻酱、味精、酱油、芝麻油、胡椒粉、白糖、白酒，调成酱料，涂在鸡的内外身上，腌制20分钟。

3. 取砂锅一个，垫上竹篾，把白肉放在底部，再放入腌制好的光鸡，姜、葱、芫荽同时放在上面，注入半碗二汤后盖紧。

4. 先旺火烧开，后慢火焗制，直到有焦香气味飘出，揭盖时熟鸡身呈金黄色，酱香味扑鼻。上席时，可以手撕、斩件、拆肉去骨，视食客需要而定。

🍲 技艺要领

腌制时间一定要达到20分钟以上，方能入味。

酱香焗鸽腿

在粤菜中，乳鸽的基本烹调，主要还是以炸乳鸽居多，其他烹饪做法相对比较少，偶尔有之，也是一闪而过。炸乳鸽，是通过浸卤式入味后，用一定油温去热炸。另外一种是通过烤炉去烧，和烧鹅一样，这种叫做烧乳鸽。

以前到广州，吃炸乳鸽，喜欢到白天鹅宾馆后面的侨美酒家（沙面），这家的炸乳鸽是通过浸卤方式把乳鸽先行入味，随之挂上薄薄的麦芽水让其收干外表，然后才去炸，这样的乳鸽皮脆肉含汁，非常好吃，一直记着。

潮式焗鸽腿，是潮菜名师柯裕镇师傅为了改变过去炸乳鸽的单一做法，在普宁豆酱焗鸡的基础上改良的。在烹制乳鸽的做法上，取出乳鸽双腿，其胸肉可另作炒鸽片或者上汤鸽肉之用。我认为，这种做法最大限度地发挥了厨师的技能特长，达到一鸽双味的目的，又丰富了菜肴的可品性。

原材料

光乳鸽6只（约1 800克）
白肉100克　生姜2片
青葱2片　芫荽1小株
上汤约50克

调配料

普宁豆酱50克　芝麻酱15克
味精3克　酱油8克　白糖2克
麻油5克　白酒5克

✖ 制作步骤

1. 把光乳鸽洗净，取出内脏和挑净细毛，然后把鸽子的双腿取出，剁去脚爪候用。鸽子的胸肉留作他用。

2. 把普宁豆酱粒用刀碾烂，取碗盛起，调入芝麻酱、味精、酱油、白糖、白酒、麻油搅拌成一份腌料，同时加入生姜片和青葱，把鸽子腿腌制20分钟。

3. 白肉片成薄片，放入砂锅底部，把腌制好的鸽子腿依次摆好放进去，生姜、青葱和芫荽放在上面，注入上汤，然后放在炉上面，先旺火煮沸，后慢火焗熟收干即好。

技艺要领

1. 豆酱在碾泥后要加入一些芝麻酱，才能达到酱香醇厚的效果。

2. 焗乳鸽腿的时候，砂锅底部一定要放一片白肉，以免焦锅。

原锅酱香蟹

用古早味原锅豆酱焗鸡的原理来烹制海鲜，已经改变了海鲜原有的味道结构。特别是用来焗膏蟹或肉蟹，因为豆酱的咸味太重，所以要特别小心。

经过多次的原材料置换，调整酱香的比例，改变操作方法，方才见到效果。豆酱碾泥加入芝麻酱，提高了香气，加入白糖，中和它的咸度，渗点白酒更是提香去腥的最佳选择，蒜头垫底是吸收酱香原汁的最佳搭配。回头思之，好多菜肴的变化都是在自觉与不自觉中发生，只要用心了，一切都有可能。

在汕头市，选择膏蟹或者肉蟹，最好是牛田洋基地的蟹。焗蟹一定要肉饱膏黄才能做得完美。

原材料

膏蟹或肉蟹2只（约800克）
白肉1片（约500克）　蒜头50克
生姜2片　青葱2条　芫荽1株
上汤200克

调配料

豆酱25克　芝麻酱15克
味精3克　酱油5克　胡椒粉2克
白糖2克　白酒5克　麻油5克
生油约500克

✖ 制作步骤

1. 膏蟹用刷子洗刷去掉污垢，把蟹盖掀开，清掉蟹鳃，用刀切出大脚钳，循关节切断并轻拍一下，再把蟹身分解为6～8块候用。

2. 用刀修去蒜头的头尾，用油热赤候用。

3. 将豆酱用刀碾成泥，放入碗中，再调入芝麻酱、酱油、味精、胡椒粉、白糖、白酒、麻油，汇总后调成焗酱料。

4. 取砂锅一个，放入白肉垫底，蒜头放在白肉上面，再把剁好的膏蟹依次摆砌入锅，淋上调好的焗酱料，注意均匀。

5. 放入炉内，砂锅注入上汤，放入生姜、青葱、芫荽，盖上砂锅盖，先旺火烧沸，后慢火收汁，大约20分钟后，原锅上席即好。

🍲 技艺要领

1. 豆酱是一味比较咸的调味酱，在调味时必须注意中和它的味道。

2. 一定要选肉饱膏黄的螃蟹。

豉油王焗大虾

所谓虾碌，即虾段、虾节，是粤菜普遍存在的一种叫法，如茄汁虾碌、干煎虾碌。豉油王焗大虾是一道改变茄汁虾碌酸甜味做法的菜肴，体现出酱油与葱珠碰撞后出现的葱油香气，让虾的出品走向另一种味道。

20世纪90年代初期，我的香港朋友魏铮明先生最先提出这一做法，本意是要我为他改变茄汁的味道，如今一直被留用。原先都是取用九节大花虾烹制，后来，为了不受季节的限制，我特意改为大虾，让更多的虾类能够入菜。

原材料
鲜大虾8只（约800克）
青葱2~3条　　上汤100克

调配料
豉油25克　味精3克　胡椒粉3克
白糖5克　麻油5克　干薯粉50克
湿粉水25克　猪油1汤匙　生油约2 000克

✖ 制作步骤

1. 将鲜大虾腹部的划水爪去掉，头部的虾须修剪一下，用刀从腹部的中间对开，让它连着，洗净，撒上一点干薯粉候用。
2. 把青葱的葱白部分切成细粒，同时把豉油、味精、胡椒粉、白糖、麻油、干薯粉、湿粉水调成碗糊汁候用。
3. 烧鼎热油，油温120℃左右时把大虾放入鼎中，在半是熘油半是炸的烹饪过程中，虾身收紧时捞起，沥干油分，待鼎干净后回放一汤匙猪油，然后把细粒葱珠放入鼎中煎至香赤，再把大虾回鼎，注入上汤，稍候片刻，再加入调味碗糊汁，让其在虾身中慢慢入味，直至干身即好。

🍲 技艺要领

　　大虾开口时，刀应该朝腹内破口，不宜在背上开口，否则会影响外观。

特点　虾肉紧实，豉油香十足。

钟成泉经典潮菜技法

五

炒・煎

爆炒酱香响螺片

响螺在潮菜出品中一直名列前茅，在大家的印象中，炭烧响螺和白灼响螺是真正代表响螺的做法。其实不然，老鸡炖响螺、爆炒酱香响螺片也是资深老潮菜，只不过是被人遗忘了而已。

这次为了不重复一些传统做法，特意把爆炒酱香响螺片推出。酱香响螺一改白灼响螺的鲜味和淡味，直接把味道注入响螺肉中去，特别是使用普宁豆酱，这是需要一定的智慧和功夫的。改变味道嘛，多少都要经得起质询。

特点 螺片嫩滑，酱香独特。

原材料
大响螺1只（约1 200克）
蒜头100克　红辣椒25克

调配料
普宁豆酱25克　芝麻酱5克
味精3克　白糖2克　鱼露5克
胡椒粉2克　湿粉水25克
生油1 500克

✖ 制作步骤

1. 大响螺用铁锤击破，取出螺肉，用刷子清洗干净，然后用刀修去硬头和外皮，把螺肉片成薄片。

2. 蒜头修去头尾蒂，用油炸至金黄色，炸的时候油温不宜过高，以100℃左右为宜，熟透后捞起。同时红辣椒去籽切段，一同候用。

3. 把普宁豆酱碾成泥状，加入芝麻酱、味精、白糖、鱼露、胡椒粉和湿粉水，调成碗糊汁候用。

4. 烧鼎热油，油温至120℃时把响螺片过油，随即沥干油分，然后把调好的味料碗糊汁倒入鼎中，加入红辣椒和炸好的蒜头，炒香后再把响螺片汇入，爆炒至香气飘出即好。

🍲 技艺要领

1. 炸蒜头一定要低油温入炸，然后油温慢慢升高，这样蒜头才能软糯有味。

2. 响螺片过油时，油温也不宜太高，这样响螺片才不会过硬。

黑椒虾婆肉

酒楼食肆在加工烹制虾婆的时候，基本上都是对开后清蒸，或者加入蒜蓉去蒸，味道比较单一。汕头东海酒家在烹制虾婆的时候，更多的是取肉后烹制，这种做法主要是为了体现味道的多样性和让吃相斯文。诸如姜丝芹菜炒虾婆肉、油泡虾婆肉、黑椒虾婆肉和虾婆肉包饺子。由此得到很好的反响，我认为用功夫去改变一些原始做法能得到升华。

黑椒，多数人认为这应该是西餐才有的调料。其实不然，调料是没有疆域的，只要发挥得合理，什么菜肴都可以加入。基于此种理解，黑椒搭配虾婆肉便出现了。

特点

肉质鲜嫩，辛辣味突出。

原材料
活虾婆4只（约1 200克）
真珠菜150克　芹菜25克
上汤15克

调配料
黑胡椒粉8克　味精3克
鱼露8克　麻油3克
湿粉水约25克　生油1 500克

✂ 制作步骤

1. 活虾婆清洗干净，用刀从背上对开，取出虾婆肉，然后顺着纹路改切成细块。

2. 芹菜洗净，去叶后切粒，把真珠菜的叶择出洗净。同时把上汤、味精、鱼露、麻油、湿粉水调成碗糊汁。

3. 烧鼎热油，油温不宜过高，80℃左右时把虾婆肉挂上湿粉水后放入鼎中，轻轻地拉油至熟，然后捞起。让油温继续升高，至160℃时把真珠菜叶炸至翠绿色，捞起后垫在盘底。同时把鼎中的油沥干净，用少许油把黑胡椒粉煎至出味，随即把碗糊汁汇入鼎中，芹菜粒和虾婆肉同时加入鼎中，迅速翻炒，起鼎后放在翠绿色的真珠菜叶上面，即好。

♨ 技艺要领

1. 虾婆肉过油时，油温不宜过高，油温过高则不够嫩滑。

2. 炸真珠菜叶时，油温一定要高，油温过低则不够翠绿。

指天椒炒鸽片

变菜，往往都是在利用、再利用中得到启发，再出品另一道菜肴。指天椒炒鸽片或许就是在这种相互利用中出品的。首先是因为乳鸽的腿部被利用去做酱香鸽腿了，所以才需要这种灵活的相互利用手段。

聪明的厨房师傅绝对具备这种再利用的技能。炒鸽肉，建议最好选择乳鸽，乳鸽胸肉比较厚实，也比较嫩滑。如今养乳鸽比较多，市场上也方便购买。

特点 鸽肉嫩滑，蚝油的鲜味特别。

原材料

光乳鸽6只　青椒2个

指天椒1个　生姜1片

青葱1条

调配料

蚝油50克　味精3克　酱油12克

白糖2克　白酒5克　麻油5克

湿粉水25克　生油约1 500克

🍴 制作步骤

1. 把光乳鸽洗净，挑去细毛，把两片胸肉取出，然后平刀片成薄片，随即取生姜、青葱和白酒腌制鸽肉片，鸽腿可作他用。把指天椒切碎，青椒切成角块状，去掉椒籽候用。

2. 取碗公，把调味料调成碗糊汁候用。

3. 烧鼎热油，油温至80℃时，把鸽肉去掉腌制的姜葱料后，加入湿粉水搅拌均匀，起到护身作用，放入油中轻轻拉一下油，同时把青椒放入一同拉油，沥去油分。

4. 指天椒放入鼎中炒香，加入蚝油，随即把鸽肉汇入鼎中，把调好的碗糊汁汇入，轻轻翻炒几下即好。

🍲 技艺要领

1. 鸽胸肉上有一层薄薄的筋膜，要用刀把筋膜去掉。

2. 鸽肉过油时必须用软油。

炒川椒猪肝

这道菜肴在什么年代出现，已不详。然而它一定和川味有扯不清的关系，用川椒入味潮菜的做法一直有之，如炒川椒猪肝、炒川椒鸡球是典型代表。

目前，猪肝可能会因为是内脏而且含有高胆固醇而被一些人排斥，往往在酒楼中不受欢迎，然而我一直认为，健康的猪肝除了含有胆固醇之外，其实还含有钙、铁、磷、锌等元素，有一定的补血作用。所以偶尔一试也是不错的。

原材料

鲜猪肝300克
真珠菜50克
青葱25克
炒熟川椒末10克
上汤少许

调配料

味精3克　胡椒粉2克
鱼露8克　酱油3克
麻油3克　湿粉水25克
生油约1 500克

✂ 制作步骤

1. 把鲜猪肝用刀顺同一方向轻切，不要切断，然后横切，横切时尽量让其两片相连。真珠菜择取叶部分，洗净候用。

2. 把青葱的葱白剁烂，加入炒熟川椒末，随后取碗把味精、胡椒粉、鱼露、酱油、湿粉水、麻油和少许上汤调成碗糊候用。

3. 烧鼎热油，油温140℃左右时把真珠菜叶快速热炸捞起，铺入盘中，重新调整油温至100℃，猪肝用湿粉水护身后过油，熟透后迅速沥干剩油。

4. 把鼎清理干净，下少许油，把剁好的葱泥放入鼎中煎至赤色，加入川椒末煎香，然后把兑好的碗糊调成酱汁，随即把过油后的猪肝汇入，迅速翻炒均匀，把炒好的猪肝摆放在真珠菜叶中间即好。

特　点

香气夹带着川椒的微辣气味，醒人。

☕ 技艺要领

　　油温不宜过高，以保证猪肝嫩
滑。猪肝过油时应让它多停留一下，
使食材受热均匀，避免出血水。

虾酱炒粉豆

豆角，潮汕人又叫粉豆，我至今不明白为什么叫粉豆，唯一能解释的是这种豆角的仁是粉香的。它在潮汕属于季节性蔬菜。

所谓瓜、茄、豆在夏季均属于主蔬菜类。炒粉豆，可能人人都会炒，但是炒后大家都说不好吃。炒青了，有涩脆的感觉；炒熟了，感觉老化而韧嫩，极不好看。事实上，要炒到既嫩又清脆却不是简单的事，这需要一定的功夫。加上一点虾酱，我把一味虾酱炒粉豆的家常菜肴介绍给大家，让大家体会海味果蔬的味道。

特点

粉豆软糯，咸鲜味突出。

原材料

长粉豆600克　蒜头4小粒
虾酱25克

调配料

味精3克　鱼露8克
湿粉水25克　生油约1 500克

✂ 制作步骤

1. 用手将长粉豆头尾择掉，检查是否有虫咬，然后择成小段，洗净并沥干水分。

2. 蒜头剥去外衣，轻轻拍扁，虾酱用水稀释（虾酱如果是渔民家腌制的，要注意它的咸度）。

3. 烧鼎热油，油温至120℃时把粉豆段放入过油，然后捞起，沥干油分，把拍扁的蒜头放入鼎中煎至金黄色，再加入虾酱、味精、鱼露、过油后的粉豆，加入少许清水，调整适口味道后用湿粉水勾薄芡，即好。

🍲 技艺要领

粉豆一定要过油，这样才容易青脆软嫩。

煎肚肉豆干

豆干，在汕头人眼中有薯粉豆干、水豆干、五香豆干之分。薯粉豆干主要是以黄豆和薯粉加石膏粉熬制而成。水豆干和五香豆干主要是以点卤为主而做成，其过程很复杂。

这道煎肚肉豆干是家常菜，做法简单，然而从烹调法的观点上看，它属于煎和煸的做法，煎需要一定的油量，煸希望看不见油或者仅加少量的油，这是我个人的理解。豆干和肚肉合为一体，相互补缺，味道独特，香气更足。

原材料
五花肚肉300克　五香豆干4块

调配料
酱油15克　生油1 500克

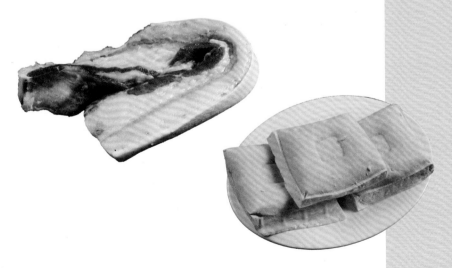

🍴 制作步骤

1. 五花肚肉切片，大约为6厘米×3厘米×1厘米的薄片。五香豆干用刀斜切成薄片。

2. 烧鼎热油，油温140℃时把五花肚肉片用油煎至出油而干身，同样把五香豆干炸至双面赤色；把鼎底剩油沥干净，将豆干和肚肉淋上酱油，让其入味均匀即好。

🍲 技艺要领

选用五花肚肉中的五层肉部分，然后用刀切成大约6厘米×3厘米×1厘米的肉片，尽量和豆干斜切后大小一样。

油泡麦穗花鱿

潮菜名师罗荣元师傅在传授我们烹制油泡麦穗花鱿的做法时特别强调，这道菜不是一个简单的品位问题，而是一道可以考级的菜肴，它最能够体现一个厨师的刀工和鼎工。

他说，麦穗花表现在刀工上是看能不能挑起纹路和麦穗花芽，让它通过油泡后呈现出朵朵麦穗花。而鼎工，关键是看糊（芡）汁的把控能力，在烹制的时候，能否让金灿灿的蒜头粒挂靠在麦穗花上，这就要看鼎工的糊汁比例把控功夫了，真是一个教材的典范。最好的鱿鱼是汕头本港的竹筒鱿鱼，它的个体修长，有20多厘米长，重约400克，这样的鱿鱼肉质非常嫩滑。

（注：油泡螺片、油泡田鸡、油泡鱼球、油泡鳝鱼都可以用此油泡法。）

原材料	调配料
鲜鱿鱼肉600克　蒜头50克	味精3克　鱼露8克
辣椒粒少许　真珠菜叶50克	胡椒粉2克　麻油5克
上汤15克	湿粉水25克　生油2 000克

✖ 制作步骤

1. 将鲜鱿鱼肉先直切（不断），再斜切（不断），根据穗形大小而切成小块待用。

2. 蒜头切成细粒，爆香待用；将鱼露、味精、胡椒粉、麻油、少许辣椒粒、少许上汤和湿粉水兑成糊浆待用。

3. 烧鼎热油，油温140℃左右时把真珠菜叶炸酥，捞起沥干，围在盘子边上。

4. 将鲜鱿鱼用湿粉水护身（一定要均匀），把温油调至100℃左右，将鱿鱼拉油，形成麦穗状后迅速沥干油分；把兑好的糊浆倒入鼎中和开，加入爆香的蒜头和鱿鱼，翻炒几下后装入盘子中间即成。

技艺要领

潮式的油泡必须有蒜头粒，且蒜头粒一定要剁得均匀，煎起来一定要有金黄色的效果。

炒姜丝芹菜牛肉

　　风生水起的潮汕牛肉火锅，把过去许多牛肉的做法简单化了。炉、锅一放，清水注入锅内，鲜牛肉切片摆上，放满桌面，再配上几碟蘸碟，大家在嘻嘻哈哈声中大口吃肉。

　　牛肉火锅的火热，却让牛肉的很多菜肴被人忽略了，想想真的有点惆怅。

　　在牛肉火锅没有彻底铺开的年代，牛肉丸在汕头人的眼中应该排在第一位，牛腩牛杂排第二位，还有土豆焖牛腩、萝卜焖牛杂、芥蓝炒牛肉、沙茶酱炒牛肉、炒姜丝芹菜牛肉等。炒姜丝芹菜牛肉，是我比较喜欢的一种牛肉做法，它是潮菜中最具有代表性的牛肉菜肴之一。真的，如果牛肉选得好，刀工切得好，鼎工炒得好，炒姜丝芹菜牛肉也不失为一道好菜。

特点

嫩滑清鲜。

原材料
鲜嫩牛肉300克　稚姜100克
芹菜150克　辣椒15克

调配料
味精3克　鱼露8克　胡椒粉2克
麻油5克　湿粉水25克
酱油、生粉适量　生油少许

✖ 制作步骤

1. 鲜嫩牛肉横切成薄片，切好后加入酱油和生粉，加入少许油，用手抓挠均匀。芹菜洗净切段，稚姜去皮后切丝，辣椒切丝，候用。

2. 把味精、鱼露、胡椒粉、麻油、湿粉水调成碗糊汁候用。

3. 烧鼎热油，油温至100℃左右，把牛肉迅速拉油，用勺子轻轻翻转松开，让其熟透后捞起，沥干剩油后把稚姜丝、芹菜段、辣椒丝放入鼎中翻炒，随后把牛肉汇入，调上碗糊汁，迅速翻炒均匀即好。

☰ 技艺要领

牛肉选得好、刀工切得好、鼎工炒得好是成菜关键。

活蛋炒饭

活蛋炒饭，严格来说是一盘碟头盖饭，做法非常简单。它和活肉炒饭同是古早味。活蛋炒饭和活肉炒饭都很香滑，而且仪式感很强。

潮菜名师罗荣元师傅在传授烹调技术的时候，专门烹制此道仪式感很强的炒饭让大家观摩，并指出炒饭有许多种做法，只要灵活运用，随时变化都有可能。几十年过去了，这次如果不是谈到烹调技法，我也可能不再做活蛋炒饭，因而大家都不知道有此炒饭，或许都忘记了。

可能有一些人会认为炒饭不是菜肴，为什么要把它写入菜谱中？其实错了，在潮菜的广义范围内，粥与饭都属潮菜，因而做好任何一道粥与饭都是在为潮菜加分。

原材料
猪颈肉75克　鲜虾仁75克　湿香菇2个
青葱25克　芹菜25克　鸡蛋1个
热白米饭250克　上汤50克

调配料
味精3克　鱼露8克　胡椒粉2克
麻油5克　湿粉水25克　生油100克

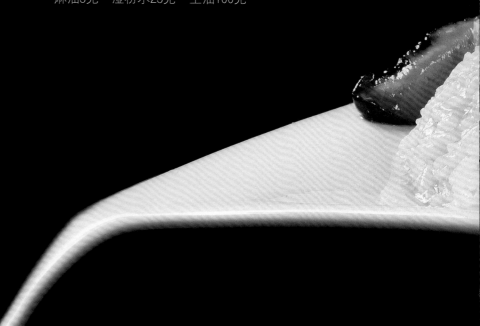

✖ 制作步骤

1. 猪颈肉切薄片，鲜虾仁洗净后用湿粉水抓挠均匀，湿香菇切细，青葱、芹菜洗净后切细段，一起候用。

2. 烧鼎热油，用少许油把猪颈肉和鲜虾仁炒熟，然后加入香菇、青葱、芹菜，注入上汤，调入味精、鱼露、胡椒粉、麻油后勾芡，盛起候用。

3. 把鸡蛋击破，放入白米饭中间，同时把猪颈肉和鲜虾仁连同汁淋在白饭上面即好。

🍲 技艺要领

米饭要刚熟，鸡蛋才可加入饭中间。

特点

传统做法，个性鲜明。

125

花椒铁板大蚝

铁板做菜，绝对不是潮菜的原生板块，然而潮菜能发展壮大，便是因为广纳各地菜系之精品以为己用。

潮菜学习他菜应该一早有之，炸吉列虾、炸吉列鸡、沙律龙虾、炖牛奶鸡球不都是从西厨中借学的吗？虎皮鸽蛋、宋嫂鱼羹、酸甜咕噜肉、五柳炸鱼等做法也都是从各地的厨师学习到的。这一切足可见潮汕人的聪明。

今天的铁板大蚝，已不是自家独大，下料上也各不相同。汕头市东海酒家主要是调入带麻的生花椒，同时加入彩色青椒，让仪式感更加突出，最重要的是铁板一定要烧得热乎，才能气冲云霄。

原材料

鲜大蚝600克　生花椒15克　生姜25克
洋葱50克　腌制青椒15克　红辣椒1个
上汤20克

调配料

味精3克　精盐8克
麻油8克　湿粉水25克
生油150克

✖ **制作步骤**

1. 把鲜大蚝清洗干净，注意不能弄破肚子。先把大蚝用滚水焯一下，同时把洋葱切块，生姜、红辣椒切细片，一起候用。

2. 取铁板盘一块，放在炉上面烧热。同时烧鼎热油，用少许油把洋葱、红辣椒、生花椒、生姜、腌制青椒热炒，随即加入上汤，调入味精、精盐、麻油，煮沸后用湿粉水勾芡。

3. 把焯好的大蚝汇入味料中，搅拌均匀后倒入烧热了的铁板盘上，让其在温热的铁板上出味，即好。

🍲 **技艺要领**

铁板要烧得烫热，才能护住食材的味道。

虾肉炒秋瓜

秋瓜是汕头人的叫法，学名应为丝瓜。秋瓜是夏天主要的蔬菜，瓜体呈深青色带一点白霜色，稚嫩好吃，稍有点甜质感。

想炒好一味秋瓜菜肴并不是很简单的事，秋瓜是一款容易出水的蔬菜，出水后的秋瓜会加快变色和容易软烂，极不好看。以我的经验，秋瓜一定要切厚一点，炒的时候一定要过油，油温偏高一些，这样才能锁住秋瓜的水分，同时炒的时候速度要快且不宜加入汤水。炒蔬菜类，如果加一点汤水会引更多的汤汁出来，这一点要特别注意。

特点

虾肉鲜甜，秋瓜嫩滑。

原材料
秋瓜1个（400克）
鲜虾200克　蒜头25克
冬菜25克

调配料
味精3克　鱼露8克
胡椒粉2克　麻油5克
湿粉水25克　生油1 500克

✕ 制作步骤

1. 秋瓜刨去外皮，对开成四瓣后斜切成角块，候用。鲜虾洗净，剥壳后去虾线，用刀从中间片开，待用。

2. 取一小碗，把味精、鱼露、胡椒粉、麻油、湿粉水调成碗糊汁候用。

3. 烧鼎热油，油温至120℃后，先把虾用湿粉水抓挠均匀后过油。顺带把秋瓜也过油至熟，捞起，沥去油后，把蒜头热至赤色、香气飘出，冬菜也加入后，把虾肉和秋瓜一同汇入鼎中，然后把碗糊汁调入鼎中，迅速翻炒均匀即好。

☕ 技艺要领

1. 秋瓜一定要过油，否则容易发黑。
2. 不要加入任何汤和水。

菜脯粒炒坑螺

炒坑螺算不算潮菜系列，这得由他人说去，毕竟这类食材在各个地方都有。坑螺加上菜脯粒和沙茶酱去炒，一定是一道潮味十足的菜肴。

记得过去汕头市中山路老同益市场口，有一摊宵夜点，摊主侯丁河先生的炒坑螺非常出色美味，当年吸引着许多人前往吃宵夜，这主要是因为他在炒坑螺的时候加入了菜脯粒和沙茶酱。

坑螺，主要生长在山里面一些流水坑沟，特别是在石隙流水处，产量多。坑螺与石螺、田螺都有相同之处，但坑螺较为修长一些，更像沿海滩涂上的丁螺。

坑螺最好吃的时节是每年五月后，这时它们产仔后身上没小壳子。

特点 沙茶和菜脯香扑鼻，螺肉脆弹。

原材料

坑螺600克　菜脯50克

蒜头25克　红辣椒1个

调配料

味精3克　白糖2克　酱油15克　辣椒酱10克

沙茶酱25克　湿粉水25克　生油100克

✖ 制作步骤

1. 坑螺剪去尾蒂，目的是便于吮吸取肉。菜脯洗净剁粒，蒜头、红辣椒同样剁粒，一同候用。

2. 烧鼎热油，用少许油把菜脯粒、蒜头粒热至赤色，随即加入辣椒酱，把坑螺汇入翻炒，一边炒一边加入沙茶酱、味精、酱油、白糖和红辣椒粒，可以加入一点清水，让坑螺入味，10分钟后用湿粉水勾一点薄芡即好。

🍲 技艺要领

1. 坑螺用自来水养4小时左右，在不适应的环境下它们会吐出泥沙之类。

2. 坑螺一定要剪去尾蒂，才容易吸出。

家庭式煎菜脯蛋

酒楼食肆的煎菜脯蛋，多数是菜脯剁碎后和鸡蛋液搅拌，倒入鼎中抹平，双面煎至金黄色即可。

家庭式煎菜脯蛋，如今酒楼里没人这样做了，虽然是不起眼的家庭式菜肴，想做得像家里一样却并不简单。关键点在于家庭选择鸭蛋更佳，而鸭蛋的蛋液不宜搅拌。

原材料
菜脯200克　鸭蛋2个　蒜头15克

调配料
味精3克　生油50克

🍴 制作步骤

1. 把菜脯洗净后剁碎，如果菜脯太咸了，必须用清水洗一次。同时蒜头也剁成细粒，鸭蛋击破后放入碗中，不需搅拌。
2. 烧鼎热油，温度不宜过高，先把蒜头热一下，后加入菜脯和味精煎炒，然后转慢火煎炒至香气飘出。
3. 把鸭蛋汇入菜脯中，然后用平铲轻轻抹平，此时不宜旺火，待蛋液凝固后翻转，再煎至赤色即好。

🍲 技艺要领

1. 菜脯不宜剁过细粒，以免影响口感。
2. 煎的时候不宜大火，适宜慢火。

炒肉蟹粉丝

炒肉蟹粉丝，在我的烹饪生涯中，一直想把它改成炒蟹肉粉丝，这样才觉得更有意思。有何不同呢？我认为用带壳的肉蟹去炒粉丝更有蟹的韵味，但拆肉去炒更方便食用。汕头市东海酒家的炒蟹肉鱼翅，便是基于此炒法改变而来的。

汕头的厨师多会采用牛田洋养殖的肉蟹，它个头不是特别大，在500克左右，因而外壳也不会太硬。粉丝最好是豆粉丝。

原材料

肉蟹600克	豆粉丝25克
湿香菇2个	葱25克 辣椒10克

调配料

味精3克	胡椒粉3克
川椒末2克	生油1 500克

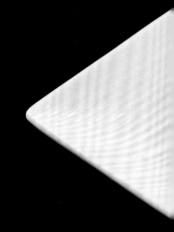

✕ 制作步骤

1. 肉蟹掀去蟹盖后清掉蟹鳃，洗净剁块。把豆粉丝用滚水浸泡15分钟后捞起，随即把粉丝剪短。湿香菇切丝，葱和辣椒切粒，一同候用。

2. 烧鼎热油，香菇丝炒香后加入肉蟹翻炒，一边炒一边加入葱粒和辣椒粒，同时汇入豆粉丝，随即调入味精、胡椒粉、川椒末，然后继续翻炒均匀，香气飘出即可。

特点

蟹肉鲜甜，粉丝香气十足。

炒鲍鱼鲜芦笋

在沿海城市，用活鲍鱼做菜，比较多的做法是整只蒸、焖、焗，其中做得比较好的是鲍鱼焖猪脚，肉类和海鲜有机结合，口感上弹柔兼有。

20世纪90年代初，餐饮食材开始大流通，辽宁大连的活鲍鱼天天空运到汕头，汕头市东海酒家除了蒸、焖、焗之外，还利用芦笋搭配鲍鱼，炒出一味清脆的芦笋鲍鱼条。

如果想选择活鲍鱼来炒芦笋，应该是大连海域产的最好，其次是青岛、福建的养殖鲍鱼，质地柔韧有弹性，个头在200克最好。芦笋则是饶平县出产的最好，细且清鲜。

特点 清鲜甘甜，营养丰富。

原材料
鲜活鲍鱼400克
鲜芦笋300克
湿香菇2个　蒜米15克

调配料
味精3克　胡椒粉3克
鱼露8克　蚝油15克
湿粉水25克　生油1 500克

✗ 制作步骤

1. 用刷子把鲜活鲍鱼表面刷洗干净，用小刀从鲍鱼的壳中割开，让肉与壳分离，去掉肠肚，用刀把鲍鱼肉切成条状候用；鲜芦笋削去硬头部分，也切成条状，用滚水焯后漂凉；湿香菇同样切条。

2. 把味精、胡椒粉、鱼露、蚝油、湿粉水调成碗糊汁，候用。

3. 烧鼎热油，油温至120℃左右，把鲍鱼肉用湿粉水抓挠均匀后放入，轻轻拉过油，沥干剩油，把蒜米放入鼎中爆香，随即把芦笋条、香菇条放入鼎中热炒，然后汇入鲍鱼条，调上碗糊汁，迅速翻转后即好。

☕ 技艺要领

1. 芦笋要削去硬头部分，然后飞水漂凉。
2. 翻炒要快速且用猛火。

咸究麻叶

这道菜选择的是麻叶的芽叶，这种植物的骨梗外皮可作麻绳用途。麻叶理论上不是食材，只是它的芽叶具有去火和润肠功效，被一些农户采摘来煮吃，久而久之便被认为是农村家庭必备的食物。潮阳人、普宁人，早期都是采摘麻叶来煮乌糖番薯汤，口感上苦涩带甘，有解毒泻火的功效。后来他们又通过焯水去掉涩汁，用普宁豆酱调味，早上作为杂咸配粥。

麻叶芽，生长期有季节性。为了便于保存，潮阳人、普宁人把采摘回来的麻叶通过焯水去掉涩汁，然后再用咸菜汁进行飞水，让其有较长的保存期，这便是咸究麻叶。如今有冰柜保鲜了，保存已经不是问题了。

特点

佐粥佳肴。

原材料
鲜麻叶芽600克
蒜头50克
酸咸菜汁100克

调配料
普宁豆酱25克
味精3克　麻油5克
猪油150克

✖ **制作步骤**

1. 鲜麻叶芽择去硬枝头，清洗干净，用滚水焯一下，酸咸菜汁用水浸泡一下，同时把蒜头拍碎后一起候用。
2. 烧鼎热猪油，蒜头热赤色后加入普宁豆酱炒香，随即把麻叶芽放进去煸炒，同时调入味精和麻油，炒均匀后即好。

🍲 **技艺要领**

　　麻叶芽部的枝梗一定要择掉。炒麻叶，必须多放一点猪油才不会涩嘴。

钟成泉经典潮菜技法

煮·熬

番豆猪尾汤

如今，想寻找一味儿时记忆中的食物，还真的很难，特别是像这一味番豆猪尾汤。

但凡豆类，植物蛋白和油脂丰富便会带足香气，但是人体摄入太多也会影响消化。相对比其他食材来说，番豆仁还会在体内产生大量肠道气体，气体在肠道上受到阻隔时会产生胀气，气体排泄时便会臭气冲天，所以有很多人放弃食用。番豆猪尾汤难寻踪影，可能有这个原因吧。

其实，番豆、黄豆、绿豆、赤豆、白豆都是烹菜的好食材，偶尔吃点未必不可。

原材料

猪尾骨400克　　杂骨500克

番豆仁250克　　青葱2条　　芫荽1株

调配料

味精3克　　盐6克

鱼露5克　　胡椒粉3克

🍴 制作步骤

1. 猪尾骨剁块，和杂骨一起洗净待用，番豆仁洗净后浸一下清水。

2. 砂锅注入清水，随后加入猪尾骨和杂骨，旺火煮沸后撇去泡沫，转慢火熬煮，随后放入番豆仁继续熬煮，时间约40分钟。

3. 熟透后调入盐、味精、鱼露、胡椒粉等，调好味道，再配上青葱花、芫荽。

🍲 技艺要领

猪尾骨和番豆是不同类食材，因而需要先后入锅去熬。

鲜笋熬牛肋骨

　　春夏交替，笋最鲜甜。汕头市的旦家园、潮州市的江东镇、揭阳市的埔田镇都是产笋的地方。吃笋最好是现挖现吃，烹制的地方不要离挖笋的地方太远，故而有"百步笋"之说。笋的做法，有鸡熬笋、鸭熬笋、脚鱼熬笋、猪骨熬笋等。记得一次在佛山市三水区，我被一班手下拉去一处农家乐吃鲜笋熬鸡和脚鱼。笋都是在农家园挖的，脚鱼也是在自家的池中养的，鸡更是在园子里走的，熬了一大锅，大快朵颐，吃得汗流浃背，很是开心。

　　下面介绍的是一味鲜笋熬牛肋骨，它出自潮州市江东镇一位名曰"老包"的厨师之手，是一款谁也意想不到的熬鲜笋汤，它和佛山市三水区农家乐的鲜笋熬鸡和脚鱼有着相似的做法，其味独特，第一次品尝便记住了。

　　此后每年一到笋季，我便约上朋友们前往"老包"处，他挖了鲜竹笋，斩上牛肋骨，专门熬一大锅。只可惜，后来他不干了，说是太辛苦了。为了让此美味勿流失，经过改进烹制技艺，我把它记录了下来。

原材料
鲜牛肋骨1 000克　鲜笋约2 000克
生鸡膗50克　胡椒粒25克　赤肉杂骨500克
蒜子50克　芫荽50克　辣椒2个

调配料
味精3克　精盐15克

制作步骤

1. 鲜牛肋骨用砍刀剁成粗块，鲜笋剥去外壳，削去硬皮，然后剁成细块。

2. 牛肋骨用滚水飞过，放入锅内，注入清水煮沸，把鲜笋块和生鸡膆、胡椒粒一同加入锅内，同时把赤肉杂骨飞水后一同加入锅内，蒜子、芫荽、辣椒粒一同放入。

3. 煮沸后转慢火慢慢熬，1小时后，去掉赤肉杂骨和鸡膆渣，调入味精、精盐即好。

技艺要领

熬牛肋骨要加入胡椒粒，以去掉牛骨的臊气。

特点 汤水鲜美，鲜笋稚嫩可口。

老橄榄糁煮溪鱼

老橄榄糁是潮州传统腌制水果食材，由青橄榄用盐和南姜末腌制后储藏，向来得到潮州民间人士青睐。老橄榄糁具有消除积食、解腻、散气之功效，所以民间会利用它的这一优点结合一些食材，烹制出醇香的好味道。

老橄榄糁煮鱼也是一味老传统菜肴，然而它有哪些地方要注意的呢？老橄榄糁煮鱼最关键是不能用猪肉汤或上汤去煮，一定要用清水，肉味太强会破坏它的清鲜气味。

特点

鱼鲜，老橄榄糁气味窜腔。

原材料

溪鱼1条（约800克）

老橄榄糁50克　鲜南姜末25克

调配料

味精3克　白糖2克

生油5克

✖ 制作步骤

1. 溪鱼刮去鱼鳞，开膛去鳃，洗净候用。
2. 把老橄榄糁的橄榄去核后切丝（或剁碎），候用。
3. 将清水放入鼎中煮沸，然后把溪鱼放入鼎中，加入老橄榄糁，铺在鱼的上面，调入味精、白糖，煮熟后再加入鲜南姜末，滴上几滴油即好。

🍲 技艺要领

1. 鱼类以韩江溪鱼最合适。
2. 一定要用清水煮（蒸），这样才不会影响鱼的清鲜味。

居平鸭粥

这款特色微辣鸭粥做得最出名的是汕头市居平路的一家鸭粥店，它由店主林益华先生创办，生意一直不错。林益华先生多年前去世，后人因鸭粥店是夜间经营，比较辛苦而放弃了，有点可惜。

比较有趣的是，一贯好清淡之味的汕头人居然对带有点辣的鸭粥也能接受，我把它的做法记录入菜谱，有两个目的：一是保留此做法，二是借此纪念前辈。

特点

微微的辣香。

148

原材料
鲜鸭肉500克　蒜头25克
生姜25克　葱15克
芫荽15克　大米200克
汤水2 000克

调配料
味精3克　酱油25克
鱼露8克　辣椒酱25克
白糖5克　麻油5克
生油50克

✖ 制作步骤

1. 鲜鸭肉清洗干净，用刀剁成细块。蒜头和生姜剁成米粒状，葱、芫荽洗净切细，一起候用。

2. 烧鼎热油，蒜米和姜米热赤色后，把鸭肉放入鼎中炒，一边翻炒一边加入辣椒酱、酱油、麻油、白糖，炒出味后注入汤水，焖煮40分钟候用。

3. 取砂锅一个，注入清水，然后把大米淘洗干净，放进去煮，注意搅底，以免黏糊，煮至熟而未爆花时把煮好的鸭肉加进去，调上味精和鱼露，加入葱珠和芫荽即好。

🍲 技艺要领

鸭要选用绿头鸭，一定要爆炒入味后才去焖煮。

梅汁湿狗母鱼

狗母鱼主产季节在每年5—6月，是家庭常见食材之一，特别是作为民间佐酒菜肴，一直深受欢迎。狗母鱼香气足，也被称为海豆仁。

过去有一句俗语"白虾钓狗母"，指的是一种捕猎手段，说明白虾的价值比狗母鱼低。风水轮流转，如今白虾的身价高于狗母鱼一大截，再用白虾去钓狗母鱼，那就有点得不偿失了。如今市场上的狗母鱼，应该是有另外一种手段去捕获，我们也不用操心了。用酸梅汁去湿狗母鱼，有独特之味，其酸酸的气味，足以让人欲罢不能。

特点

酸梅味道浓郁。

原材料

鲜狗母鱼400克　咸酸梅2颗
梅汁25克　上汤50克

调配料

干薯粉50克　味精3克　白糖2克
酱油5克　麻油5克　生油1 500克

✂ 制作步骤

1. 将鲜狗母鱼清洗干净后沥干水分，用少许酱油上色，再把干薯粉
   撒在鱼身上。

2. 咸酸梅去核，剁碎，加入梅汁，调入味精、白糖、酱油、麻油和
   上汤，形成碗糊汁。

3. 烧鼎热油，油温140℃左右时将狗母鱼落鼎热炸，特别要注意的
   是，狗母鱼硬身后才可以翻转，炸至金赤色后捞起。沥去鼎中油
   分，再把狗母鱼倒入鼎中，把调好的梅汁碗糊汁均匀地拌入狗母
   鱼中，用慢火烘干即好。

🍲 技艺要领

鱼小身软，容易烂身，初入
鼎时油温一定要偏高一些。

菜脯煮赤领鱼

赤领鱼，是汕头人的叫法，其学名应该叫狼鰕虎鱼，是浅海滩的一种鱼类，鱼身红色，分布在我国沿海及朝鲜半岛、印度尼西亚等地，是海滩泥层的穴居鱼类，营养可能不怎么样。

赤领鱼在潮菜的烹调中，还是比较简单的，大都是煮蒜头豉油，或者拿去搭配菜脯。我认为搭配着菜脯去煮还是挺合味的，尤其是它的鱼鲜味特别浓郁。

特点

菜脯味突出，鱼味更鲜。

原材料

赤领鱼600克　整个菜脯200克
五花肉50克　蒜头25克　红辣椒15克

调配料

味精3克　酱油8克
麻油5克　生油约100克

🍴 **制作步骤**

1. 赤领鱼修去头、尾和肚肠，切成两段，洗净候用。把整个菜脯斜切成薄片，用清水漂洗一下，菜脯不宜过咸。五花肉同样切成细条状，蒜头切片，红辣椒切粗条，一起候用。

2. 烧鼎热油，在油温至中温时把蒜头放入鼎中热煎一下，随即加入五花肉和菜脯煎炒，约5分钟后把赤领鱼汇入热炒出味。随后注入适量滚水，调入味精、酱油、麻油，煮10分钟即好。

🍲 **技艺要领**

煮赤领鱼不宜过火，否则鱼容易掉肉。

熬冬瓜鸭汤

生长在夏天的瓜被称为冬瓜，或许是在生长过程中，瓜的外皮挂着一层霜的缘故吧。

用冬瓜做菜，搭配上有很多种，最经典的是冬瓜盅，下料上有田鸡冬瓜盅、七星冬瓜盅、莲只杂锦冬瓜盅。而最有意思的是，一些厨师还会在冬瓜盅上雕刻各种图案，展示各种厨艺功夫。

而我的理解是，潮菜多具田园风味，其中熬冬瓜鸭汤最具有此种风味特点。鸭是池塘上戏水的鸭，瓜是田园上的瓜，菜脯是腌制的蔬菜。熬冬瓜鸭汤，在操作上比较简单，虽然没有太多的技术要求，然而想做好也不容易。

特点 汤清，肉质感浓烈。

原材料
光鸭肉600克　猪杂骨500克
冬瓜1 000克　菜脯50克

调配料
味精3克
鱼露15克

✖ 制作步骤

1. 光鸭肉清洗干净，剁成小块，同时把冬瓜刨去外皮、去掉瓜瓤，切成细块状，菜脯洗净切片，一起候用。

2. 取砂锅一个，注入清水，煮沸后放入鸭肉和猪杂骨。25分钟后把浮沫去掉，然后把冬瓜和菜脯一起放入砂锅内熬煮。

3. 20分钟后，整个冬瓜鸭出味了，去掉猪杂骨，调上味精和鱼露，即好。

🍲 技艺要领

1. 鸭肉必须先熬出味再加入冬瓜，要不然冬瓜容易烂。

2. 想汤清必须先旺火撇去沫，后转慢火让其暗滚。

豆酱姜煮草鱼腹

很多潮菜的变菜主要是改变味道，很大部分是用加入辅助料来达到目的。此菜比较突出的正是辅助料的加入。豆酱姜是一种重味道的辅助料，草鱼取其腹部，称为腩，经过煎后，鱼脂的香气被豆酱姜吸入，绝对是一味可口的菜肴。豆酱姜市面上有卖，也可以自己腌制，豆酱和刨皮的生姜腌制一天即可。

选择其他鱼来煮豆酱姜，可参照此方法。

特点 风味独特，鱼味突出。

原材料

鲜草鱼腹400克

豆酱姜50克

调配料

味精3克　酱油5克　麻油5克

干薯粉50克　生油100克

🍴 制作步骤

1. 把鲜草鱼腹洗净后顺着骨骼切成条状，然后用酱油着色，撒上干薯粉。

2. 烧鼎热油，油不宜过多，油温至140℃以上时把草鱼腹放入鼎中煎炸，煎炸过程中不宜翻转，一定要鱼肉身硬才能翻转，不然鱼肉和骨要松散。

3. 待鱼腹煎至身硬且呈金黄色，沥去剩油，注入适量滚水，加入豆酱姜和味精、酱油、麻油，煮10分钟即好。

🍲 技艺要领

　　煎炸鱼腹要旺火和慢火兼有，需煎至鱼肉没有水分，要不然鱼肉容易散落。

酸梅肚肉鲫鱼煲

特点

古早味道，家乡味浓郁。

用梅只去煮鲜鱼，在潮菜中经常会出现，味道上有一点酸酸的感觉。梅是用一种青果子加盐腌制而成，在潮汕各地都有这种腌制的酸梅只。

过山鲫鱼，是一种引入养殖的外来鲫鱼，可能在被引入的时候翻山越岭，因而被称为过山鲫鱼，也取名罗非鱼。用酸梅只和过山鲫鱼，加上五花肚肉煮在一起绝对是一味不错的菜肴。过山鲫鱼在市场上比较容易买到，非常适合家庭主妇烹制。

原材料
过山鲫鱼600克　五花肚肉200克
酸梅只100克　生姜2片　葱2条
辣椒2个

调配料
味精3克　酱油15克
梅汁15克　白糖5克
麻油5克　生油100克

✗ 制作步骤

1. 过山鲫鱼开膛去鳃，用清水洗净，五花肚肉切片，酸梅只撕肉并去掉核。

2. 烧鼎热油，把鲫鱼放入鼎内慢煎至双面赤色，在煎的时候，火候不宜太大，以免烧焦。

3. 取砂锅一个，把五花肚肉放入砂锅内煎一下，然后把煎好的鲫鱼放在肚肉上面，加入酸梅肉和梅汁，同时调入味精、酱油、麻油、白糖，注入适量滚水，随即放在炉台上慢火焗30分钟即好。

🍲 技艺要领

过山鲫鱼的鳞比较硬，一定要刮去。

鳗鱼煮酸咸菜

特点

酸鲜搭配，爽口开胃。

海鳗鱼是一种比较凶猛的鱼类，它的牙齿锋利无比。据说过去的渔民在捕猎海鳗鱼时都是以垂钓居多，非常小心。渔民们随身带上一把砍刀，当钓到海鳗鱼的时候，他们会把海鳗鱼拉到船边，迅速用砍刀把海鳗鱼的头部砍至半断，然后才拉上船，这样海鳗鱼才不会咬到人。过去在市场见到的海鳗鱼，基本上头部都是被砍至欲断的模样。海鳗鱼是一种比较常见的海鲜食材，价格偏低。而海鳗鱼的鱼鳔（胶）通常在捕捞后即刻被渔民勾走，晒成干鳗鱼鳔，价值偏高。

潮汕家庭买海鳗鱼回家后都是煮酸咸菜比较多，当然也有香煎或者腌制成咸鳗鱼粒的。海鳗鱼煮酸咸菜是一道常见的菜肴。

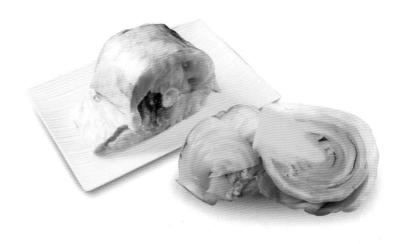

原材料
鲜白鳗鱼600克　酸咸菜150克
芹菜25克　姜丝15克

调配料
味精3克　鱼露8克
胡椒粉3克　生油50克

🍴 制作步骤

1. 鲜白鳗鱼切块、条、片均可，酸咸菜切片洗净，芹菜洗净切段，一同候用。
2. 烧鼎热油，把姜丝炒热后加入白鳗鱼，继续翻炒，待鼎气上升后再把酸咸菜汇入鳗鱼中翻炒均匀。
3. 注入适量滚水，10分钟后调入芹菜段、味精、鱼露、胡椒粉，稍候片刻即好。

🍲 技艺要领

1. 海鳗鱼肉比较硬，不容易烂，可以炒。
2. 煮海鳗鱼的时候加入一点咸菜汁，海鳗鱼更有味道。

石橄榄熬鸡汤

石橄榄，别名石仙桃，有人会误认为是土霍斛（土茯苓），在味道上两者还真的有点像。

石橄榄生长在山脚石壁之间，食药价值比较高。它味甘，有养阴、清肺、止咳等功效，加入瘦肉或者鸡肉去煲汤，其汤食补功效比较好。过去，民间多到山上采摘，目前市场上的蔬菜摊经常有卖，如果处理得当，不失为一味好汤。

特点 汤清味甘。

原材料
光鸡1只（约750克）
赤肉、猪杂骨各500克
鲜石橄榄50克

调配料
味精3克
精盐8克

✖ 制作步骤

1. 光鸡清洗干净，剁成几大块。鲜石橄榄清洗干净，特别要注意清洗泥土、沙等杂质。

2. 取砂锅一个，注入清水约2 000克，放在炉上煮沸，然后把鸡块和赤肉、猪杂骨放入锅内，出味后，加入石橄榄，全面煮沸后调至慢火煲煮，时间为40～60分钟。

3. 去掉石橄榄和猪杂骨，调上少许味精和精盐即好。

☕ 技艺要领

石橄榄不适宜煮太久，一定要等鸡先煮出味后再加入石橄榄。

魟鱼煮苦瓜香豉

　　"一魟，二虎，三沙毛，四金钴。"潮汕人在形容近海鱼类对人体的伤害时，把魟鱼列为第一位。据介绍，虎鱼、沙毛鱼、金钴鱼伤人都是利用鱼鳃两边的骨刺伤人。而魟鱼的鱼尾巴刺特别能甩人，被甩到的时候痛感强烈，伤口迅速肿痛。魟鱼有微毒素，痛感要等到下一个"潮水期"到来后才会消退。

　　我未曾被以上所说的鱼类伤过，但我吃过以上所说的各种鱼类。渔民们说了，带骨含刺的鱼鲜甜香郁，特别是带骨边的肉部分，其肉味独特。很多潮汕人都曾用酸咸菜煮魟鱼，用苦瓜和香豆豉来煮魟鱼可能很多人未必尝试过。如果有兴趣，试着做一下。市场上的海鲜摊经常有魟鱼摆卖，剁块或整条都有。

特 点　鱼肉甘甜。

原材料

黄魟鱼600克　苦瓜2个（400克）

香豆豉25克　青蒜头25克

调配料

味精3克　鱼露8克　酱油5克

白糖2克　生油50克

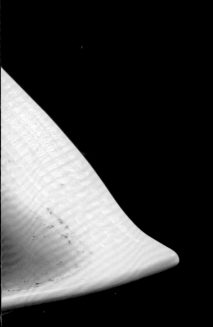

✖️ 制作步骤

1. 黄魟鱼洗净，用刀切成细块，青蒜头拍碎。

2. 苦瓜切开，去掉瓜瓤，再改成斜口细块，用滚水
   焯去涩味后用清水漂凉，候用。

3. 烧鼎热油，青蒜头放入鼎中煎香后，再把黄魟鱼
   块放入鼎中炒，炒至鱼香味飘出，加入苦瓜、鱼
   露、酱油、味精、白糖，再翻炒均匀后加入香豆
   豉，注入少许清水后让其焖至入味即好。

🍲 技艺要领

1. 魟鱼的背上有一些微沙感，一定要清洗干净。魟

豉油煮花跳鱼

潮汕海岸线长，曾经的滩涂是潮菜食材的主要来源地之一。贝壳类中的大头、蟟蛁、鲜薄壳、沙蛤等都是主要食材。花跳鱼更是滩涂上的高级食材，它营养丰富，蛋白质含量极高，因而受到很多人喜欢，过去潮汕人经常煮跳鱼粥让奴仔（小孩）吃，以补充营养。

如今，城市和乡村建设发展让海边的许多滩涂地消失了，花跳鱼的生存空间也越来越小，不知道哪一天，花跳鱼也会跳走。趁着花跳鱼还存在，写一味煮法供大家借鉴。

特点 肉质嫩滑，豉油香气极佳。

原材料
活花跳鱼600克

调配料
酱油50克　味精3克　白糖2克
生油25克　猪油25克

✖ 制作步骤

1. 将活花跳鱼洗净，候用。
2. 烧鼎热油，把花跳鱼放入鼎内煎一下，注意把盖盖上，以免花跳鱼溅油喷身。然后把酱油注入，加上少许清水和猪油，同时调入味精和白糖，煮10分钟后掀盖，收干酱油汁即好。

🍲 技艺要领

把花跳鱼放入鼎中后，要迅速盖上盖，以免热油溅身。

钟成泉经典潮菜技法

酿

酿燕窝竹荪卷

1984年10月到香港考察，我和在香港从厨的薛信敏先生讨论港式潮菜。他列举了香港金岛燕窝潮州酒楼的厨师们用燕窝来烹饪的菜肴，如鸽子吞燕、高丽参炖燕、火腿燕窝球、酿燕窝竹荪卷等，这些都是当年的高端出品。特别是酿燕窝竹荪卷，利用竹荪的空间，用燕窝球的做法酿成一节节，品位高端，备受青睐。后来，此菜被纳入汕头市东海酒家的出品中，在反复调试后终获食客接受，一直有上佳表现。

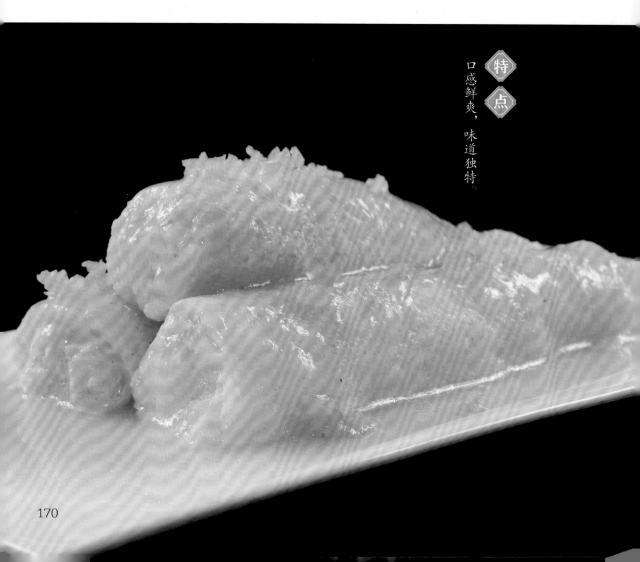

特点

口感鲜爽，味道独特。

原材料
干竹荪100克　水发燕窝600克
鸡胸肉50克　火腿25克
上汤100克　鸡蛋1个

调配料
味精3克　精盐8克
胡椒粉、鸡油、湿粉水适量

✖ 制作步骤

1. 将干竹荪用温水浸泡10分钟后洗净，切成8厘米长的段，再将其浸泡到清水中，待用。然后把鸡胸肉剁成泥，把火腿剁成细粒。

2. 把水发燕窝用清水洗干净后沥干，加入味精、精盐，让它泌出一些水分，加入鸡肉泥和蛋清液后搅拌，形成燕窝馅料。

3. 将竹荪吸干水分后轻轻撑开，酿入燕窝馅料，再将两端修整齐，放入蒸笼炊8分钟后取出。

4. 取出炊熟的燕窝竹荪卷，将原汁倒入锅里，加入上汤，调入味精、精盐、胡椒粉和鸡油，用湿粉水勾芡后淋在竹荪卷上，撒上火腿粒，即成。

🍲 技艺要领

1. 挑选竹荪要尽量均匀，酿起来才好看。
2. 燕窝和鸡肉泥比例要控制好，以免坠脚。

酿炆水晶虾

不可否认的是，水晶虾和水晶田鸡是一脉相承的同类品种。过去的人喜欢用田鸡去烹制，因为田鸡随处都有，而且不受政策限制。如今野生田鸡受到法律保护，底线不能突破。今用鲜虾代替，也是一个很好的品种。

啰唆几句，在酿的技艺中，利用虾胶去酿制的菜肴是最多的。虾肉在制成胶后，随时加入一种辅助食材或者调入一款味料，都能变成另外一个品种，能体会到鲜、甜、脆等各种味道和口感，这也是许多厨师喜欢在变菜的时候选择它的原因。

原材料
中尾明虾12只（约750克）
虾仁150克　白肉200克
马蹄肉25克　鸡蛋1个　上汤100克

调配料
味精3克　精盐8克　白糖2克
湿粉水25克　鸡油15克

特点

晶莹剔透，入口鲜甜爽脆。

✖ 制作步骤

1. 将中尾明虾剥去头尾和身上的外壳，挑掉虾线，洗净后擦干水分，用刀修去尾部的虾肉，留中间的虾肉，接着用刀从中间片开，让它相连，摆开后成圆形，然后用味精和精盐腌制一下。

2. 把白肉修成6厘米×1厘米的齿形条状，然而用精盐、白糖、味精进行腌制。

3. 把剩余虾肉与虾仁一起拍成虾泥，加入味精、精盐和蛋清，用力搅拌成虾胶。再把马蹄肉切成细粒，束干水分后加入虾胶中，搅拌均匀，然后分成12粒，逐粒放在虾肉上面。把齿形的白肉屈弯成圆形，放在虾胶上面，再用手轻轻地压一下，让它们粘连在一起。

4. 把酿好的水晶虾放入蒸笼炊8分钟后取出，泌出原汁，加入上汤、鸡油、湿粉水勾芡，淋到水晶虾上面即好。

☗ 技艺要领

切配齿轮形状的白肉要非常小心，最好是先速冻一下。

百鸟归巢

1980年秋，汕头市饮食服务公司举办厨师技能等级考试，公司内大部分厨师都踊跃参加。同门陈汉华师傅非常用心，他在酿金鲤虾、酿百花蟹钳、酿百花鸡的基础上，用手工捏制出栩栩如生的归鸟来，起名百鸟归巢。该作品让很多人眼前一亮，纷纷称赞他的巧思和创意。

谁说烹者不懂艺，百鸟归巢便是例。

几十年过去了，我在编写《潮菜心解》的时候，回望潮菜潮味的历程，发觉重现"百鸟归巢"的菜品极少，因而邀请陈汉华师傅烹制百鸟归巢，为年轻厨师提供借鉴。

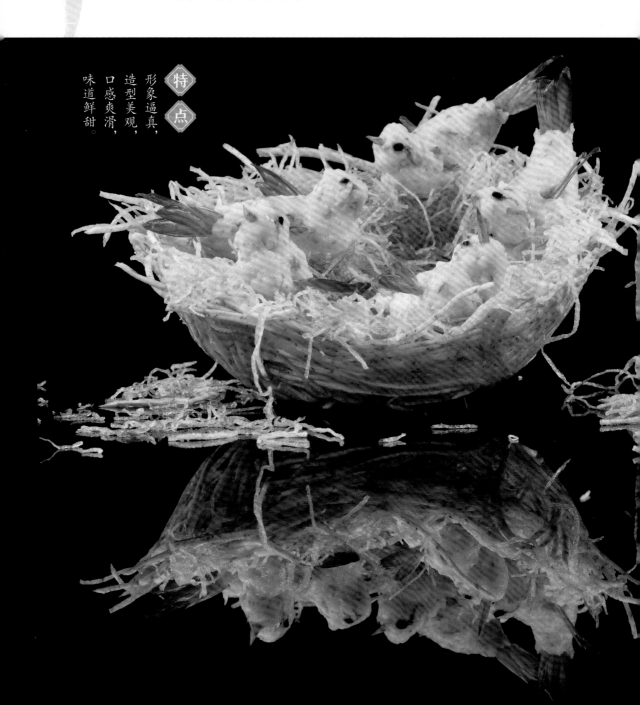

特点

形象逼真，造型美观，口感爽滑，味道鲜甜。

有意思的是，有一次众师兄弟聚集于汕头市东海酒家十二楼讨论一些菜肴的糊（芡）汁时，我就提出百鸟归巢在完成出品时不要淋糊汁，因为淋上糊汁后的鸟儿像是被雨淋或是掉进水塘里一样。大家听后觉得有道理，此后陈汉华师傅也一改过去的做法，让我佩服他的胸怀。

原材料

鲜虾仁40克　　带尾鲜虾12只　　白肉50克
马蹄肉25克　　火腿肉10克　　土豆2个
鸡蛋2个　　红辣椒1个　　黑芝麻15克

调配料

味精3克　　精盐8克　　猪油25克

用具

汤匙12只

✖ 制作步骤

1. 先将鲜虾仁洗净后吸干水分，放在砧板上用刀面拍成虾泥，再装入炖盅，加入精盐和味精，然后用筷子搅拌成虾胶，再加入切成细粒的白肉和马蹄肉，加入蛋清，搅拌均匀，待用。

2. 将12只汤匙的面均匀涂上薄薄的猪油，然后将虾胶分成12份，逐份用手捏成鸟身和鸟头，装在汤匙中，将火腿肉片剪成翅膀，插入鸟身，用黑芝麻贴在鸟头两侧作为眼睛，红辣椒剪成鸟嘴插上，最后把鲜虾尾插入虾胶尾部作为鸟的尾巴，随后放进蒸笼里炊熟。

3. 将土豆去皮，切成细丝，用清水浸洗掉淀粉，用油炸成金黄色，再摆在盘子一角做成鸟巢。

4. 将炊熟的小鸟逐只放入盘中，挑选两只比较小的作为雏鸟放入鸟巢内。

☗ 技艺要领

1. 在装点鸟儿的嘴和眼睛时要非常小心，手部要轻。

2. 需要借用蛋清作为修滑之用。

珍珠虾丸

这道菜肴一直有一些争议：这个出品是不是潮菜的品种范围？有人说这是中式点心的出品。哎，何须争议呢！中式菜肴不都是你中有我、我中有你吗？既然是好品种，相互借鉴、相互提高都是厨师好学品德的体现。做好一粒虾丸还是比较容易的，做好一粒珍珠虾丸就必须对菜肴有一定的理解。

原材料
鲜虾仁400克　　白肉25克
马蹄肉25克　　鸡蛋2个
生糯米200克　　红鱼子25克

调配料
味精、精盐、胡椒粉适量

✖ 制作步骤

1. 鲜虾仁去掉虾肠后洗净，用白布擦干水分，然后用刀平拍成虾泥，放入盅内，加入精盐、味精和蛋清，用力搅拌成虾胶，再加入剁碎的白肉、马蹄肉，拌匀，达到挤丸的要求。

2. 生糯米需同时浸泡水，米粒膨胀后捞起晾干，放在盘中，然后把虾胶挤成虾丸状，随后滚上糯米，让它粘上，随即整齐地放在盘中，点上红鱼子。

3. 把做好的珍珠虾丸放入蒸笼炊15分钟即好。上菜时撒上胡椒粉。吃的时候，配上橘油比较好。

♨ 技艺要领

生糯米需要先行浸泡。

酿素珠蟹丸

用发菜烹制另一味菜肴，能让你有眼前一亮的感觉。

同门王月明师傅一生转场多处，为潮菜潮味的发展苦苦追求，最难忘却的是一些传统味道。他说，他在广东省粤东技师学院烹饪系授课时，经常用一些传统菜肴来做范例。如素珠蟹丸、干炸虾枣、脆浆大蚝、炸吉列虾、铁打酥肉、袈裟鱼衣等都是他常用的出品菜肴。

潮菜中虾丸的烹制是多样化的，如珍珠虾丸、翡翠虾丸等。很多人未必知道潮菜中还有一味酿素珠蟹丸。

原材料

鲜虾仁200克　　鲜蟹肉200克　　白肉50克
马蹄肉50克　　鸡蛋1个　　发菜15克
芹菜末25克　　火腿末10克　　上汤100克

调配料

味精3克　　盐8克
胡椒粉3克　　鸡油15克
生粉水10克

✖ 制作步骤

1. 将鲜虾仁洗净，沥干水分，放在砧板上用平刀拍至起胶，加入味精、盐、蛋清，用筷子搅拌成虾胶浆，再加入剁碎的鲜蟹肉、白肉、马蹄肉搅拌均匀，用手挤成12粒圆丸，待用。
2. 发菜用水浸泡，清洗干净，用上汤醉10分钟后取出，沥去汤汁。
3. 将发菜铺成圈，丸子摆放在上面，芹菜末、火腿末酿在丸子上面，放入蒸笼炊8分钟，取出，泌出原汁，加入上汤，撒上胡椒粉，用鸡油和生粉水勾芡后淋上即可。

🍲 技艺要领

1. 挑取蟹肉时一定要把里面的膜去干净。
2. 虾胶的比例不宜过大，以免影响蟹肉的鲜甜味道。

钟成泉经典潮菜技法

嫌

佃鱼芋泥羹

用芋泥和佃鱼做菜，都是近几年的事，佃鱼从普通鱼类中被突破性地利用，受到重视，应归功于厨师们技艺的灵活性。当然做成此菜肴，也是费了许多功夫，难免受到一些非议，这些非议大部分都是从出品上的物值去说事。

其实很多普通菜肴的存在意义，并不是价值问题，而是是否可口、食材是否容易找、厨师是否能做好。都说做任何一道菜肴都要下点功夫，佃鱼芋泥羹便是下功夫的杰出代表。

特点 香滑和鱼鲜味浓郁。

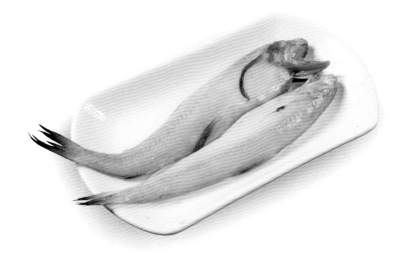

原材料

芋头1个（约1 000克）

鲜佃鱼1 200克　葱花25克

芫荽25克　清上汤1 500克

调配料

味精3克　精盐8克

鱼露100克　胡椒粉3克

猪油50克　鸡油25克

✕ 制作步骤

1. 芋头刨去外皮，挖去沙眼，洗净后切成薄片，放入蒸笼炊熟，取出后用刀压成泥状，然后下鼎，加入猪油，捣成芋泥，注意不能加入白糖，可以加入少许味精、精盐。

2. 鲜佃鱼洗净，去头、肠肚，随即用鱼露腌制10分钟，放入盘内，加入少许水，炊熟后，把佃鱼肉轻轻取出，要注意把骨翅针挑尽，同时把鱼汤留起来。

3. 芋泥用鱼汤搅拌均匀后分入盅内，再把佃鱼肉用清上汤勾芡，调入精盐、味精、胡椒粉和葱花、鸡油，然后放在芋泥上面，再加入几株芫荽即成。

⛚ 技艺要领

1. 佃鱼必须先炊熟后取肉，这样细骨刺才方便去净。

2. 芋泥应该调稀一些，不宜太稠。

鱼头豆腐羹

特点

鲜甜嫩滑。

羹的类别太多了，古时杭州西湖的游船上曾发生一则故事。名叫宋嫂的老妇在杭州西湖边叫卖鱼羹，喊着说美味好吃，在西湖游船上的皇帝爷闻声而尝味，果真如其所说一样，故赏银两奖励，自此宋嫂鱼羹名扬天下。各地的烹饪者纷纷效仿鱼羹的做法，后人又用多样食材烹制出多样的鱼羹菜品。

用鳙鱼头肉和山水豆腐烹制出一碗绝味的鱼头羹，这就要求厨师要有理性的感悟了。传说宋嫂用的鱼大部分是草鱼（鲩鱼），而今天的潮菜厨师采用池塘水库中的大鳙鱼头肉来烹制，其肉质鲜甜嫩滑，加入山水豆腐后营养更丰富，品质上也有了更大的提升。

原材料
鳙鱼头1个（约1 000克）
山水豆腐100克　上汤1 000克　火腿25克
嫩姜25克　芫荽25克　芹菜25克

调配料
味精3克　盐8克
胡椒粉3克　生粉水25克
鸡油15克

✖ 制作步骤

1. 将鳙鱼头洗净，放入蒸笼炊熟，取出放凉，用手撕开头和皮，肉去骨，把鱼头肉留取待用。
2. 山水豆腐用刀改碎，不宜太大块，火腿、嫩姜、芹菜切细丝，待用。
3. 取上汤下锅煮开后，将鱼头肉、豆腐块、火腿丝、嫩姜丝、芹菜丝逐一投入，拌匀，调入味精、盐、胡椒粉，慢火下用生粉水调成羹状，再加入少许鸡油、芫荽即好。

🍲 技艺要领

1. 鱼头一定要先炊熟后取肉。
2. 勾芡成羹的时候，不宜用猛火，猛火会让羹过早凝固，影响口感。

红蟹肉雪蛤羹

　　雪蛤，也叫雪蛤油，取雌蛙的输卵管，营养价值甚高，富含蛋白质，是一款具有滋阴补肾、壮阳强身功效的药膳食材。雪蛤，过去在烹调上多是采用冰糖煮之或炖之，属甜食。随着人们生活质量的提高，糖的摄入逐渐降低，于是纷纷改成咸食，雪蛤的传统做法也被改变了。咸食的做法，典型的要数红烧雪蛤，今天用红蟹鲜肉去烹煮雪蛤，用海洋的鲜味去碰撞山野之味，档次提升了。现在雪蛤多是养殖的，但烹制得好，也是一味难得之佳肴。

特点 味鲜，营养丰富。

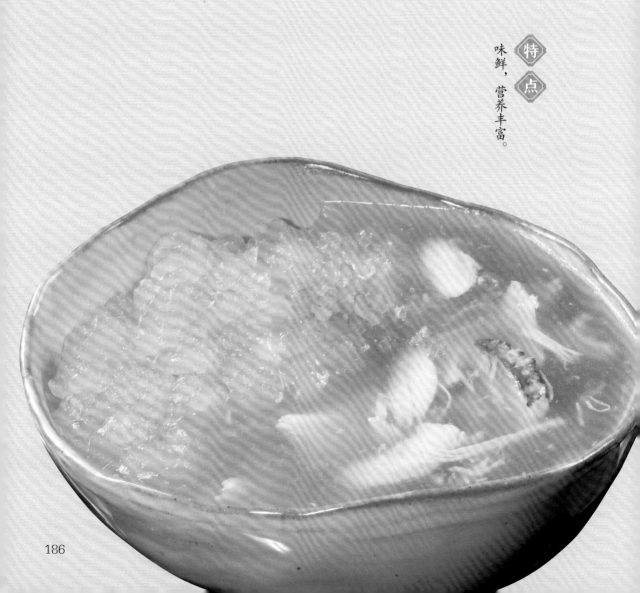

原材料
雪蛤油25克　红花蟹2只（约1 000克）
芹菜末100克　上汤1 000克

调配料
味精3克　精盐8克　胡椒粉3克
湿淀粉25克　鸡油50克

✗ 制作步骤

1. 将雪蛤油用清水浸泡，当它涨发到一定程度时换水，同时撕去筋膜，让它独立成片。

2. 红花蟹放入蒸笼炊熟，剥开蟹盖后清洗掉蟹鳃和杂质，挑取出蟹肉，注意把蟹壳和筋膜挑干净。

3. 雪蛤油按人按量分装在碗中，然后放入蒸笼炊熟。蟹肉用上汤煮熟，调入味精、精盐、胡椒粉、鸡油，然后用湿淀粉勾芡，搅拌均匀后分入装了雪蛤油的碗中，撒上芹菜末即可。

🍲 技艺要领

1. 雪蛤油涨发过程中注意换水，同时注意撕去筋膜。

2. 拆蟹肉时需注意把细膜挑干净，以免影响口感。

柠檬鸡丝脚鱼羹

特点
口感嫩滑，柠檬味浓郁。

潮汕人在饮食上有一句话叫"斤鸡两鳖"，指的是某种食材虽然很细小，还是可以烹调的。潮菜中有一款柠檬鸡丝脚鱼羹便是取材于这类比较细小的食材去烹制。潮菜名师柯裕镇师傅在烹制此道菜肴的时候，喜欢用细小的脚鱼，杀血后清洗干净，通过蒸汽让脚鱼熟透，取出后轻轻揭去骨头。特别是在调成羹的时候，他会加入柠檬汁，让味道得到升华。我曾经私下问他为什么要加入柠檬汁。他说，脚鱼细小，腥气偏大，加入柠檬汁除了能去腥味之外，还能增强鲜味，更能促进食欲。

这道菜肴如今很少人做了，可能是因为找不到细小的脚鱼和鸡了。其实，烹制脚鱼羹，用市场上的养殖脚鱼便可以，不妨一试。

原材料

脚鱼1只（约500克）　鸡腿肉2块（约200克）
瘦肉500克　湿香菇2个　鲜柠檬1个　生姜2片
青葱2条　芫荽少许

调配料

味精3克　精盐8克
胡椒粉2克
湿粉水约25克

🍴 制作步骤

1. 脚鱼杀头放血，滚水焯后清洗干净。鸡腿肉和瘦肉也同样焯水后洗净，候用。

2. 取碗盆一个，把脚鱼、鸡腿肉和瘦肉放进去，注入滚水约1 500克，把生姜、青葱同时放入里面，然后放入蒸笼隔水炖，大约70分钟后取出，揭掉盖料肉和姜葱。

3. 候凉后把脚鱼肉和鸡腿肉取出，去掉骨头，同时把肉撕成细丝。把湿香菇切丝炒香，鲜柠檬榨出柠檬汁，一同候用。

4. 原汤重新放入锅中，加入撕好后的脚鱼肉和鸡丝肉，煮沸后离火，调入香菇丝、鲜柠檬汁、味精、精盐、胡椒粉，用湿粉水勾芡，有黏稠的感觉即好。

🍲 技艺要领

1. 脚鱼一定要杀血，以免影响汤水的色泽。

2. 脱骨的时候一定要检查是否有骨头残留，以免影响口感。

钟成泉经典潮菜技法

苦瓜扣五花肚肉

　　"都是普通食材，如果用心，普通食材相互结合也能烹制出可口的菜肴。"潮菜名师罗荣元师傅为我们培训时曾经特别强调，做好一味高端菜肴谁都会用心，毕竟菜肴高端嘛。然而想在普通食材上做好味道，那必须用心去做，才能做出可口的菜肴。苦瓜（凉瓜），虽然普通，只要做得好，也能"苦尽甘来"。

原材料
苦瓜4个　五花肚肉800克
蒜头100克　上汤1 000克

调配料
味精、精盐、麻油、
湿淀粉适量

✄ **制作步骤**

1. 苦瓜用刀切去头蒂后对开，刨去瓜瓤，根据扣肉大小修切整齐，然后用滚水焯一下，漂凉，目的是去掉部分苦涩味。

2. 把五花肚肉洗净后，放入锅内煮，大约20分钟后，把苦瓜和蒜头一起放入五花肚肉中，加入上汤煨入味。

3. 取浅平碗，把苦瓜和五花肚肉切得厚薄基本一致后，相互紧扣，摆砌整齐，放入浅平碗中，注入原汁，加入味精、精盐、麻油调味，放入蒸笼炊5分钟，取出后翻转扣在盘上，原汁泌出，用湿淀粉勾芡，淋到苦瓜肚肉上，即好。

🍲 **技艺要领**

五花肚肉要整块煮熟，使其定型后再切片。

传统八宝素菜

特点

素菜荤做，似素非素。

相传清代，潮州府城的开元寺想举办斋菜比赛，邀请了各方寺庙的厨师参与。据说意溪别峰寺的厨师非常聪明，他想出了用一个多味的素菜来参赛。但想要夺取头名还是有一定难度，皆因潮州府城尽是名师名厨。他想出了借用鸡汤、肉汁来介入，提高出品味道。于是他事先准备好老鸡、排骨、瘦肉，炖好一钵肉汤汁，又用毛巾吸纳汤汁并悄然带入参赛现场，渗透到多样素菜中去，让菜品有不一样的味道，得到大家一致赞赏，摘得桂冠。八宝素菜，自此流传下来。尽管别峰寺的厨师受到各种非议，也引发了此后对素菜的严格鉴定，但是

这位厨师却开创了素菜荤做的先河，于是此后的潮州菜中就经常出现八宝素菜这一名菜，随之也衍生出其他素菜荤做的菜肴。

潮州意溪镇人柯裕镇师傅是潮菜名师，他在烹饪时特别喜欢安排八宝素菜作为宴席上的出品菜肴。在焖制过程中，他对荤菜、素菜理解深刻，在盖料上做足功夫，使大家一度怀疑他是八宝素菜的传人。

原材料
潮汕大白菜1株（约750克）　莲只25克
栗子25克　湿香菇8个　腐竹25克
发菜10克　冬笋25克　金笋（红萝卜）25克
老鸡半只（约500克）　瘦肉500克
赤肉500克　排骨500克　上汤100克

调配料
味精3克　精盐8克
胡椒粉5克　麻油5克
湿粉水25克　生油2 000克

✖ 制作步骤

1. 潮汕大白菜洗净，切成条段状，莲只水发，栗子用刀对开，放在开水中煮一下，让其壳肉分离，腐竹浸水回软后剪断，冬笋与金笋去外衣、外皮，用刀改成角条状，同时把发菜洗净，一同候用。

2. 烧鼎热油，把大白菜炒熟，然后用上汤焖至软身，同时把老鸡、排骨、瘦肉等盖上去炖，让大白菜慢慢煨入肉汁。

3. 把湿香菇、发菜炒香，同时其他材料通过油炸后漂洗的方式去掉油渍，加入上汤，用湿煮的方式回软，以适宜摆砌。

4. 取大碗公一个，用扣的手段把发菜放在碗公的底部，其他食材对应地顺边摆砌，最后把大白菜放到中间去，再把赤肉盖上，加入味精、精盐、胡椒粉、麻油调味，放入蒸笼，用隔水炖法炖约30分钟。

5. 上席时取出碗公，用翻转倒扣的手法，把八宝素菜完美地扣在半深浅的圆盘上，然后把原汁泌出，用湿粉水勾芡，再淋到八宝素菜中即好。

🍲 技艺要领

每一种独立食材都必须经过独立烹制入味后才能汇总。

萝卜扣明虾

萝卜扣明虾，是一味海洋风味和田园风味结合的品种。此菜肴烹饪的最佳时间，应该是入秋后，这时新萝卜出产了，明虾晒干后也上市了。

这是一道典型的扣品，我认为用萝卜扣明虾来冠名最佳，直观贴切，也符合潮菜个性。此菜原是冬瓜扣明虾，同门陈汉华师傅在一次聚会上，选用了入秋后的萝卜来扣明虾，效果同样不错。对虾，经过日晒产生了干货的特殊韵味。半干的脯味在慢嚼中唇齿留香，如果把这种脯香和冬瓜或萝卜相扣入炖，味道相互渗透，相得益彰。

先人有一句"不时不食，不鲜不用"的妙语，它告诉我们在菜肴的处理上要遵循季节与烹饪的合理性。同门陈汉华师傅做到了，萝卜扣明虾便是例子。

特点 品相好看，具有仪式感。

原材料

半干对虾6只（约400克）

赤肉500克　萝卜2个　湿香菇4个

上汤400克　元贝1粒　芹菜粒25克

调配料

味精3克　精盐8克

麻油5克　胡椒粉3克

湿粉水25克　鸡油15克

✂ 制作步骤

1. 将半干对虾用温水浸泡一会后去壳，再对切成两片。

2. 萝卜去皮后对切成两半，再横切成两连片，然后用滚水浸泡一下，让其变软。

3. 将虾片放入萝卜片中夹紧，然后摆放在大浅碗中围成一圈，中间放入元贝和湿香菇，再注入上汤，调入味精、精盐、胡椒粉，盖上赤肉，用保鲜膜封盖后放入蒸笼炊30分钟。

4. 取出炊熟的萝卜，翻转扣入盘中，沥出原汁，湿粉水中加入麻油、鸡油，勾芡后淋在萝卜上，最后撒上芹菜粒即成。

🍲 技艺要领

1. 明虾要选择晒干的对虾，这样才有日晒的脯香气味。

2. 操作时，注意是萝卜夹虾，不是虾夹萝卜。

八珍糯米饭

我在标准餐室学厨时，看过潮菜名师李锦孝师傅烹制一碗八珍糯米饭。材料由柿饼肉、瓜丁、白肉丁、莲只、枸杞子、芝麻、柑饼、乌豆沙和糯米组成。只见他把乌豆沙摆在碗公中间，然后把其他用料搅拌均匀后放入，又轻轻地压实，通过蒸笼的蒸汽让其融合后取出，翻转后把碗公去掉，淋上少量糖油，一碗八珍糯米饭便成了。此种做法的八珍糯米饭看似简单，但是摆砌过程复杂，如今几乎没人做了，想想有可能留下遗憾。

事实上，我最弄不明白的是八珍糯米饭为什么经常在生仔请客的酒席中出现。我询问过许多人，大家也说不出所以然，不明其理，因此它困扰了我多年。后来我向潮州市潮菜名师方树光师傅求证，他说，在潮州习俗中，某一家庭生仔请客，他们除了准备丰盛的名菜佳肴之外，还要有一份甜糯米饭。特别有意思的是当客人离开的时候，每人还会被派送一包用竹叶包好的八珍糯米饭，还夹带着"饭丕"（锅巴）在其中，意思是让大家"兑"（兑，潮汕话"跟"的意思），也都能生出男丁。是否有此理由，勿过分纠缠，做好一款八珍糯米饭才是最重要的。

原材料

生糯米300克　白肉25克
发好白果肉15克　发好莲只15克
枸杞子10克　瓜丁10克　橙饼10克
柿饼15克　白芝麻10克　青葱珠15克

调配料

白糖200克
猪油50克
生油250克

✖ 制作步骤

1. 将生糯米淘洗干净，放入蒸笼炊熟后取出，随即加入适量猪油和白糖，让糯米饭松开而不粘紧，候用。

2. 白肉切成细粒，用白糖腌制20分钟以上。把发好的莲只用油炸一下后，用刀轻轻拍一下，瓜丁、橙饼、柿饼切粒，白芝麻炒香，青葱珠用猪油煎成葱珠朥。

3. 把所有的馅料、葱珠朥及糯米饭一起拌匀，加入发好的白果肉和枸杞子，随即分入碗公内压实，再放入蒸笼炊5分钟后取出，翻转过来即成，也可淋上一点白糖浆。

糯米炊熟后必须趁热加入一些猪油和白糖进行搅拌，免得冷却凝固。

 特点

柔糯，甘甜。

钟成泉经典潮菜技法

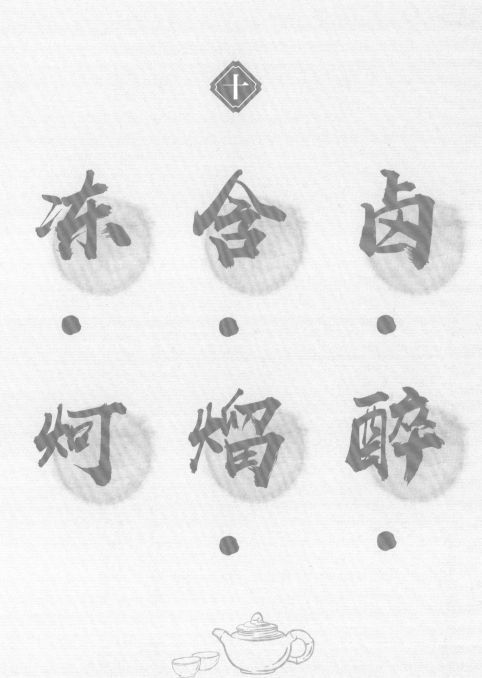

十

冻·焖 含·熘 卤·醉

卤南乳大肠

1972年，我在老城区的汕头旅社参加过一次接待华侨的工作，这些华侨都是从东南亚国家回来的，他们主要是福建诏安、永定、泉州人。厨房的罗应顺师傅非常了解他们的味道爱好，用心做了一大盆南乳猪脚，吸引了很多客人，我在当时也被吸引了，由此我一直记着南乳的味道。南乳是客家菜的主要味道，主要有南乳猪手、南乳扣肉、南乳炒米粉、南乳炒粿条、南乳豆干粒等品种，这些出品普遍受到欢迎。潮菜中植入南乳味的菜肴不多，偶尔会有一些品种出现，主要也是在肉类菜肴中。

猪大肠在潮汕人的心目中属于让人又爱又恨的食材。如果做得好，味道特别诱人。如果做得不好，谁都会讨厌。做好南乳味，我一直认为用猪大肠去卤是比较理想的。我个人理解，南乳在潮菜中还是属小众味道，做得好挺受欢迎的，希望大家学习到。

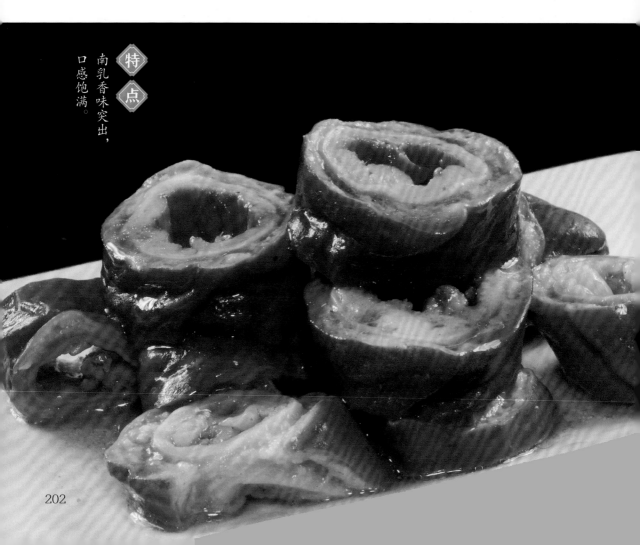

特点

南乳香味突出，口感饱满。

原材料

猪大肠约1 000克　五花肚肉600克
生蒜子50克　生姜50克　青葱50克
芫荽25克

调配料

南乳汁250克　味极鲜酱油2瓶（约800毫升）
草菇酱油100毫升　味精3克　白糖2克
白酒5克　猪油100克

✕ 制作步骤

1. 取深锅一个，加入适量清水，注入味极鲜
   酱油、草菇酱油和南乳汁。然后把生蒜
   子、生姜、青葱、芫荽一同放入。同时调
   入白糖、味精、白酒，煮沸后加入五花肚
   肉和猪油，随即转慢火养味30分钟，成南
   乳卤水。

2. 把猪大肠剁成3节，洗净，特别要注意除
   去异味和留下肥肠衣。

3. 把清洗好的大肠放入南乳卤水锅里面浸
   卤，注意翻转，60～80分钟后捞起即好。

🍲 技艺要领

1. 猪大肠要清洗干净，特别是黏液部分。

醉竹荪汤

一个醉字，在描述人的时候，可能有很多联想，如陶醉在某件事、某种环境中。作为醉人的作用，需要把酒精慢慢吸入人的各个身体部位去，由此而醉。

同样一个醉字，如果放在烹饪上，则是一种高超的烹调手段，主要目的是通过火候的控制，让一些食材（主要是菌类）慢慢吸入其他营养液体，使食材营养更丰富饱满，这种做法便是醉法。

醉在烹调法中与炖有相近的效果，但也有着不同的特点。醉，更多是让食材吸入；炖，更多是食材分泌。

竹荪是一种菌类，主要产地是云南、贵州，晒干后在干货店常年都有售。选用竹荪入醉，目的是增加食材对营养的摄入。通常做法是选料、修剪、浸泡和入醉。潮菜名菜醉竹荪汤选用此手段烹饪，过去的醉金钱菇也是用此方法去完成。

原材料
干竹荪50克　赤肉400克
上汤800克

调配料
味精3克　精盐8克
胡椒粉3克

🍴 制作步骤

1. 干竹荪用清水浸泡20分钟，修剪去掉网状部分，取中节较好。然后用温水和清水轻轻清洗几次，束干水分。
2. 竹荪放入炖盅内，注入上汤，赤肉飞水后盖在上面，调入味精、精盐，盖上盅盖，用食品纸封盖，然后放入蒸笼，让其静醉30～40分钟。
3. 吃时取出，揭去封盖，把赤肉去掉，撒上胡椒粉即好。

特点

汤清澈，甘醇。

酸咸菜尾含指甲蚌

特 点

酸酸的气味冲撞海鲜的味道，可口美味。

近年来养殖业发展迅速，指甲蚌（学名蛏子）这一类滩涂贝壳被成功养殖，因而市场上每天都能见到它。汕头市大量的食用指甲蚌都是来自山东、浙江、福建等地。汕头海域上曾经有过，如今已经极少出现，可能是因为滩涂减少的缘故。指甲蚌特别肥美，酒楼、食肆、家庭大都是采用炒的方式出品。

酸咸菜是潮汕家庭常见辅助食材之一，用它搭配其他食材有之，而搭配指甲蚌却极少，所以介绍给大家是必要的。

原材料
鲜活指甲蚌500克
酸咸菜尾200克　辣椒25克

调配料
味精3克　酸咸菜汁25克
猪油25克

✖ **制作步骤**

1. 鲜活指甲蚌洗净，用滚水焯一下。酸咸菜尾洗净后切细丝，辣椒也切丝，一同候用。

2. 取砂锅一个，把焯好的指甲蚌整齐地摆在锅中，把切好的酸咸菜尾丝均匀地铺在指甲蚌上面，撒上辣椒丝，然后注上酸咸菜汁和清水，随即放在炉上煮沸，调入味精、猪油即好。

🍲 **技艺要领**

　　指甲蚌一定要先行焯水，让其壳与肉呈半开状态，方便酸咸菜汁浸入。

熘松花皮蛋

皮蛋，一般都是剥去外壳后，配点白砂糖和陈醋，直接送嘴里吃，这时一种莫名其妙的怪味会穿腔而过。如果切碎后和瘦肉粥一起煮便是一碗皮蛋瘦肉粥，和苋菜一起煮便是皮蛋苋菜煲。今天想介绍的是一款谁都想不到的品种，这个品种在20世纪80年代由潮菜名师柯裕镇师傅推出。他用皮蛋挂上脆浆后炸至酥脆，然后配上菠萝做成一味酸甜的菜肴，取名熘松花皮蛋。

熘松花皮蛋，关键是一个熘字，在潮菜的烹调上，很少人用熘的方法去烹制。唯有柯裕镇师傅会做出此等菜肴。因此让我记住，我也有理由向大家介绍。

特点 酸甜可口，皮蛋香味突出。

原材料

松花皮蛋4个　脆浆粉250克
菠萝200克　生姜15克
辣椒15克

调配料

白糖75克　白醋25克
酱油5克　湿粉水25克
生油约1 500克

✖ 制作步骤

1. 松花皮蛋剥去外壳，切成4块。菠萝去外皮后切成细粒，生姜和辣椒剁成细粒，一起候用。白糖和白醋、酱油、湿粉水调成"糖醋碗"芡汁，候用。

2. 调好脆浆糊，烧鼎热油，油温至120℃时，把皮蛋逐块粘上脆浆糊，放入油鼎内热炸，注意翻转，炸至外皮金黄色后捞起。

3. 沥去剩油，把生姜粒和辣椒粒煎香，随即加入菠萝粒，同时把"糖醋碗"也调入鼎内，勾兑成酸甜汁，最后把炸好的松花皮蛋汇入鼎中轻轻熘一熘，让外皮粘上酸甜汁，即好。

☕ 技艺要领

　　皮蛋先放入蒸笼炊透，这样容易剥去外壳，切角也好看，这是很多人不知道的小窍门。

肉皮猪脚冻

（凉）冷冻类菜肴在潮菜中比较少见，潮菜常见的一个品种冻金钟鸡，如今谁也不想做了。此类菜肴在潮菜中虽然不多，但也是潮菜的一部分。我曾带着肉皮为何搭配猪脚这个问题向潮菜名师罗荣元师傅请教过，他说单纯去做肉皮，胶原质是有了，但肉香味缺失，若单纯用猪脚去烹做，肉香味有了，却少了胶原质。因此把两者结合，这样既有了胶原质，又有了肉香味，这就是肉皮猪脚相结合的原因。

是啊，一味普通的菜肴，在烹调上如果不了解，便会产生许多质疑，了解到位了，也就明白了。

原材料
猪脚1只（约800克）
肉皮1 000克　芫荽50克

调配料
味精3克　精盐8克
鱼露10克

✖ 制作步骤

1. 猪脚、肉皮清洗干净，刮清残留细毛，然后用滚水焯洗一下，洗净后转入锅内，注入清水，加入精盐、味精，然后放在炉台上先旺火后慢火熬煮。

2. 30分钟后，把猪脚捞出来，取出骨头，然后放回锅内和肉皮混合，熬至肉汤出味且含有胶质即好，整个过程需120分钟。

3. 选好一个盛器，把熬好的肉皮和猪脚倒入盛器内，让其自然凝固，再转入保鲜柜内冷冻。吃时切块，配置芫荽和鱼露。

技艺要领

用慢火，才能让胶原质和肉香味更好地融合于冻汁中。

炯烧姜薯丸

姜薯，主要生长在汕头市潮阳区河溪镇，是独一无二的地方食材，其相貌似淮山，只不过比淮山短粗。姜薯作为地方特色食材特别受欢迎，只因它能做出许多可口的品种。有清甜姜薯片、炯烧姜薯丸、姜薯寿桃、姜薯鲤鱼等。

这一款炯烧姜薯丸，是潮菜名师柯裕镇师傅的拿手甜品菜肴，他用姜薯泥包入芝麻花生糖，然后搓成丸形，炸成金黄色，又用糖浆熬成稠汁淋上，卖相和口感都极佳。此道菜肴有可能会失传，很有必要记录入菜谱。

原材料	调配料
生姜薯500克	白砂糖50克
面粉或澄面200克	葱珠油15克
炒熟花生100克	猪油15克
炒熟芝麻50克	生油约1 000克

✖ 制作步骤

1. 生姜薯刨去外皮后洗净，放入蒸笼炊20分钟，熟后碾成姜薯泥备用。

2. 炒熟花生捣碎后加入芝麻和白砂糖，调成花生芝麻糖馅料。

3. 面粉或澄面用滚水冲开，一边冲一边搅拌成团，随即把它揉成面团，再和姜薯泥混合在一起，同时加猪油，随后用手揉、捏、按压，让它们融为一体便好。把姜薯泥团分成细团，把花生芝麻糖馅料包在里面，搓成丸形候用。

4. 把搓好的姜薯丸用生油炸至微赤色后捞起，油温应在120℃左右。白砂糖煮成黏糊时把姜薯丸汇入，加入葱珠油后搅拌均匀即成。

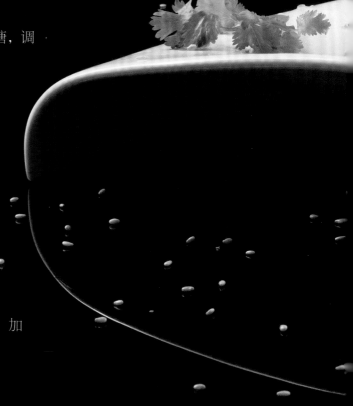

技艺要领

　　花生芝麻糖馅料包入姜薯泥中可能会松散，用一点清水把花生芝麻糖馅料搅拌成团，这样容易包入和搓丸。

特点

柔糯，浓密甘甜。

后 记

理解烹调中的量化

　　写一本菜谱，会碰到的问题，除了技法要领之外，还有一些读者常常提出的下料"克数"的量化问题。他们都希望书中能把这种下料精确度尽量量化，而且希望做到极致。这样他们便可以依样画葫芦，随手都可做菜了，甚至便认为自己是厨师了。

　　中国菜肴在量化标准方面，一些品种在达到一定数量后是可以量化的，特别是那种规模化和市场化的食品生产，更需要把它们量化起来，从而达到统一标准，这样便有了数据可查。

　　然而很多地方菜系在做菜的形式上还是流行着以"口试"味道为基本判断标准，多少带着"适量、大约、少许"的方法在厨房操作着菜品。特别是"一师一法"传、帮、带的地方菜系，在师传中保持着某一种私密性。想把这些独立性菜肴量化公开，还是很难的，这毕竟是厨师们的生存之道。

　　也正因为如此，一些厨师在电视教学或者表演制作菜肴时，往往都是随手一抓，或者口中念念有词便完成了他们的"下料"行为。

　　本人一直认为，目前在"口试"味道还很盛行的中国菜系中，特别是那种单菜独味的菜肴，更是难以量化。由此，编写一本统一味道、统一时间和统一用量的菜谱，是不切合实际的，甚至有自欺欺人的感觉。因此，"适量、大约、少许"这些常用烹调词语在目前中餐厨房的应用上还是比较通行。

在本书完成之际，写上几点理解，供大家参考。

第一，味道上无法达到统一。这里面有区域性的生活习惯，各地方都存在同一品种的菜肴时，由于区域性口味不同，所以在下料上多少最合适呢？最典型的是潮汕卤水，它用"适量"二字最合适。如卤味汤料，潮州的味道还是甜的，而澄海则有的偏咸、有的偏淡。

第二，时间上无法达到统一。烹制任何一道菜肴都存在着时间的准确性难以把控的问题，经常会出现"大约"二字，是无法达到它的准确性的。例如食材在需要整块（肉类）、整条（鱼类）、整只（鸡、鸭等）一起烹制时，就会出现腌制用料不同和应用时间不同（这里面包含食材大小、稚嫩老化、火候调控等问题）。

第三，用量无法达到量化统一。很多单品菜肴在制作时，它的调配料注入时是很难量化的，这时候就只能是"少许"二字了。最典型的要数胡椒粉的应用，特别是当一道菜品或一道汤品在完成后需要撒上胡椒粉时，"少许"二字就能体现出来。

然而，这一次写书时被要求写上"克数"，特别是在调配料及温度这两个问题上都必须注明。

虽然有千般理由能说明为什么不写"克数"，但我还是尽可能为每一道菜肴在调配料上写上了"克数"，并且在油温方面也注上了温度。这突破了我心理上关于调配料不写上"克数"的防守底线，这在很多人看来都无法理解，凭我的个性，怎么会轻易改变思路呢？

一次在家里，我谈起了关于调配料写"克数"的问题。大谈着厨房的师傅们谁会一边炒菜一边称量调料？这时候，坐在一边的女儿钟芸突然开口了，她说，从专业上说，坚持你的观点和做法没错，你可以继续坚持。然而当你想到写出来的菜谱成为工具书籍时，便不是单纯面向厨房的师傅了，而是面向社会上更多喜欢烹饪的人。这些读者由于不懂饮食，不善于烹调操作，所以才需要一切都写得明白的书来为他们解惑，如果能把"克数"量化，绝对能够掀起他们学习烹饪的欲望，兴趣大了，购书学习烹饪的欲望便有了。

哈哈，这是心理学上不可缺少的对立统一看法，在不可能的情况下做有可能的事，这便是站在对立和统一上看问题的结果，我终于服了。

致　谢

　　本书得以出版，离不开团队成员韩荣华、黄晓雄、陈芳谷、林坚木、张育伟、张树茂的辛勤付出，在此表示衷心的感谢！